지속가능한 세상을 위한
데이터 이야기

지속가능한 세상을 위한
데이터 이야기

초판 1쇄 발행	2022년 2월 28일
초판 3쇄 발행	2023년 9월 20일
지은이	박옥균
펴낸곳	이상북스
편집	김영미
디자인	design KAZ
제작	공간
출판등록	제313-2009-7호(2009년 1월 13일)
주소	10546 경기도 고양시 덕양구 향기로 30, 106-1004
전화번호	02-6082-2562
팩스	02-3144-2562
이메일	klaff@hanmail.net
ISBN	978-89-93690-94-1 (43400)
	978-89-93690-00-2 (세트)

지속가능한 세상을 위한

박윤규 지음

데이터 이야기

DATA

디지털 시대에
알아야 할
핵심 지식

상상북스

새로운 현상들에 관해 알고 싶으면 어떻게 해야 할까요? 가장 기본이 되고 공통되는 사항을 잘 살펴보면 됩니다. 인공지능(AI, 이 책에서는 용어를 AI로 통일합니다)이나 블록체인 block chain, 메타버스 metaverse 등의 이야기를 들어봤을 거예요. 이런 서비스들의 근간을 살펴보면 '데이터'를 바탕으로 하고 있음을 알 수 있습니다.

AI는 데이터를 다루는 기술인 빅데이터와 스몰데이터 기술을 이용합니다. 블록체인은 데이터 블록을 공유하는 기술입니다. 메타버스는 다양한 데이터를 이용해 가상으로 현실을 구현하는 기술이라고 할 수 있습니다. 그런데 '데이터'에 관해 처음부터 차근차근 제대로 배울 만한 수업이나 책이 드뭅니다. 대부분의 수업이나 책이 프로그램을 짜거나 데이터 분석 과정에 관한 내용을 다루거나 해당 분야에서 일하는 사람을 대상으로 하기 때문이지요. 이 책에서는 '데이터'라는 용어의 의미와 그 활용 실태를 자세히 살펴볼 것입니다.

당장 급하다고 모래 위에 성을 쌓을 수는 없습니다. 조금 느리게 가는 듯해도 바닥을 잘 다지는 과정이 필요합니다. 이 책은 청소년 여러분이 '데이터'에 관해 보다 쉽고 재미있게 이해해 나갈 수 있도록 과학·기술·인문 등 다양한 분야를 엮어 이야기를 풀어 갑니다. 여러 방면에서 '데이터'라는 큰 줄기에 다가갈 수 있도록, 여러분이 스스로 체험하고 배울 수 있는 과정이 되도록, 다음과 같은 몇 가지 관점에서 데이터 이야기를 풀었습니다.

첫째, 우리 삶의 관점에서 데이터를 설명했습니다. 수학이나 기계어(기계에 적합한 언어)처럼 보이는 데이터가 인류의 삶에서 어떻게 만들어지고 활용되었는지 살펴보았습니다. 나아가 포털 사이트나 스마트폰에서 사용되는 기능에서 데이터의 움직임을 알아보았고, 의학에서 데이터를 활용한 기술이 어떻게 적용되고 있는지 살펴보았습니다. 페이스북(2021년 10월 회사명을 '메타'로 변경함) 등 소셜 플랫폼들에서 민주주의가 어떻게 변화하고 있는지 이야기하고, 미래 사회를 대비하는 방법에 관한 구상도 담았습니다.

AI 시대에는 지식만이 아니라 여러 가지를 융합하고 새로운 것을 창조하는 능력이 중요합니다. 뇌를 연구하는 '뇌과학'에서는 창의성이 타고난 능력이기도 하지만 우리의 의지와 목적의식에 더 많은 영향을 받는다고 합니다. '마음먹고 노력하면' 누구나 창의성을 가질 수 있다는 이야기입니다. 이와 연결해 다가오는 사회에서

 ·············· 지속가능한 세상을 위한 데이터 이야기

직업이 어떻게 변화할지 예측해 보았습니다.

둘째, 데이터에 관한 과장되고 왜곡된 정보를 바로잡고, 전체를 바라볼 수 있는 관점을 제시했습니다. 실제로는 정보를 제공하는 서비스에 불과한데 빅데이터 기술이라고 과장하는 경우들이 있습니다. 데이터 기술의 특징을 설명하여 그 차이를 구분할 수 있도록 했습니다. 이전부터 있던 것인데 갑자기 생긴 것처럼 하는 부분도 바로잡았습니다. 메타버스는 인터넷이 발달하면서부터 항상 있었던 서비스입니다. 최근 부활한 예전의 '싸이월드' 서비스가 그 한 예입니다. 지금 메타버스와 그때의 메타버스는 다르지 않냐고 할 수도 있는데, 중요한 것은 메타버스의 특징이 인터넷의 어떤 특징과 관련이 있는지 아는 것입니다. 그리고 향후 발전의 방향을 예측하는 능력을 키우는 것입니다.

셋째, 우리가 가지고 있는 데이터 자산에 대한 관점을 담았습니다. 한글은 가장 진화한 데이터 과학의 사례입니다. 한글은 우리말의 소리를 분석해 자음과 모음이라는 '메타 데이터'로 만들었습니다. '메타'meta에는 '초월'이라는 뜻이 있고, 그래서 메타 데이터는 데이터를 넘어서는 데이터를 뜻합니다. 데이터를 특성별로 묶으면 또 다른 데이터를 만들 수 있습니다. 이때 만들어지는 데이터가 '메타 데이터'의 가장 대표적 사례입니다. 한글은 '메타 데이터'를 활용해 자음과 모음의 결합으로 모든 음성언어를 표현할 수 있는 창조물입니다. 과학적인 메타 데이터를 만들었기에 컴퓨터 자판에 모든 자음과 모음을 표현할 수 있는 언어가 되었습니다.

또 플랫폼들이 만드는 데이터의 대부분이 이용자들이 만든 내용이라는 점을 되짚었습니다. 우리의 위치 데이터, 글, '좋아요' 같은 반응, 검색 데이터가 어떻게 플랫폼에서 이용되는지 설명하고, 플랫폼 기업의 서비스를 '이용자의 권리' 중심으로 바꾸어 갈 필요성을 일깨웠습니다.

넷째, 데이터와 관련된 일을 할 때 필요한 기술과 방법에 대해 이야기했습니다. 실제 구현되는 데이터 서비스의 알고리즘을 이야기 형식으로 담았는데, 알고리즘은 중요한 개념이라 따로 한 장을 할애해 설명했습니다. 포털에서 뉴스를 제공하는 알고리즘을 정보를 모아 제공하는 IT 방식과 데이터와 정보를 함께 묶어 훨씬 다양한 정보를 제공하는 데이터 방식의 차이를 다루었습니다. AI 의료, AI 법률 서비스에 대한 내용도 다루었습니다. 콘텐츠 분야에서는 특허받은 기술의 알고리즘에 대해 설명했습니다.

데이터나 AI 관련 업체에서 일할 때 기본이 되는 기술 지식 외에 가장 필요한 능력이 알고리즘을 만드는 능력입니다. 큰 틀에서 보면 대부분의 알고리즘 방식이 많이 다르지 않기 때문에 기본적인 능력을 키울 수 있을 것으로 기대합니다. 물론 첨단의 알고리즘을 짜려면 책을 더 많이 보고 공부를 해야 하지만, 첫 단계에서는

 ················· 지속가능한 세상을 위한 데이터 이야기

알고리즘이 무엇인지, 알고리즘을 통해 AI가 어떻게 작동하는지 이해하고 공부의 방향과 틀을 만드는 것이 필요합니다.

이 책을 읽고 나서 여러분이 '아하!'와 '나도 할 수 있겠다'라는 마음을 가졌으면 좋겠습니다. 그동안 별 생각 없이 사용하기만 했던 앱이나 포털의 기능들에 대해 그 절차와 논리를 알고 나서 '아하!' 하고 감탄하고, 새로운 것으로 알려진 것들이 사실은 오래전부터 우리가 알고 있는 지식에서 비롯되었음을 깨닫고 '나도 할 수 있겠다' 생각하기를 바랍니다. 그래서 '거인의 어깨'를 많이 강조했습니다. 이전에 성공을 이룬 사람들이 어깨를 빌려 주면 그 어깨 위로 올라가 더 멀리 가야 할 길을 조망하면서 나아갈 방법을 찾을 수 있으니까요. 이 책이 여러 거인들이 내준 어깨들을 잘 안내해 주기를 바랍니다.

2022년 1월

박옥균

1장

태초에 데이터가 있었다!

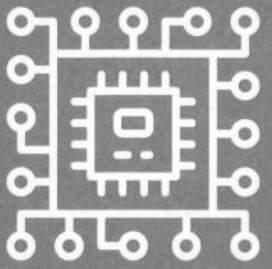

01
데이터의 탄생

성경책을 보면 "빛이 있으라" 하니 빛이 생겼다고 합니다. 그 전에는 빛이 없었을까요? 과학자들은 빛이 존재하지 않았을 거라고 이야기합니다. 그런 면에서 "빛이 있으라"는 인용구는 성경에 나오는 말이지만, 과학으로 이야기할 때도 맞다고 볼 수 있습니다. 아주 먼 과거에 우주는 빅뱅 big bang (대폭발, 약 200억 년 전 원시 우주에 있었다고 하는 대폭발)을 통해 팽창하기 시작했습니다. 은하가 생기고 별이 생기고 행성 등이 생겼습니다. 빅뱅 이전에는 시간조차도 존재하지 않았을 거라고 과학자들은 추측합니다. 어둠이 가득한 우주 공간에 빛을 내는 항성(별)이 생기고 나서야 많은 것들을 볼 수 있게 되었습니다.

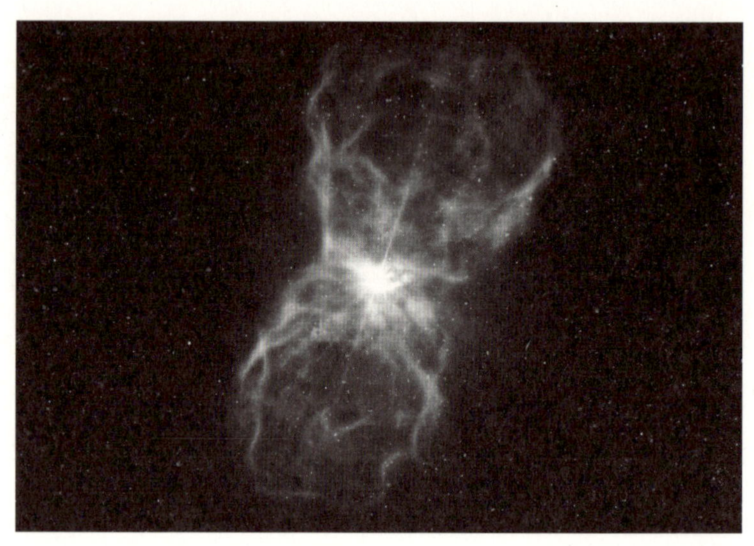

빅뱅으로 생겨난 우주.

빛은 많은 생물을 자라게 하고, 마침내 인류가 탄생합니다. 농업이 시작되고 사람들은 물물교환을 시작합니다.

옛날 사람들이 물물교환을 할 때 모습을 상상해 보았나요? 검정 주머니 속에 물건을 감춰두고서 교환하지는 않았을 겁니다. 서로 물건 상태도 확인하고 만족감을 느끼면서 교환했겠지요. 처음 교환이 시작되었을 때는 특별한 기준이 없었을 것입니다 "내 달걀 한 바구니와 당신 감자 두 손 가득하고 바꾸면 어떻겠소?" 해도 되었을 겁니다.

그런데 시장이 커지면서 여러 사람과 거래하려고 보니 문제가 생깁니다. 바구니나 손의 크기가 제각각이었을 테니까요. 누구나 인정할 수 있는 기준이 필요했습니다. 가장 쉬운 기준은 개수입니다. "당신의 달걀 다섯 개와 내 감자 세 개를 바꾸면 어떻겠소?" 하는 식이지요. 이렇게 숫자 개념은 자연스럽게 발전했을 것입니다.

물물교환 단계를 넘어 국가가 형성되었을 때도 수확물의 양을 나타내는 숫자는 국가의 부와 국력을 표시하는 기준이 됩니다. 이렇게 발전한 숫자는 오늘날 우리가 말하는 데이터에서도 매우 중요한 개념입니다.

0의 발견과 우주의 진실

숫자는 가장 쉽게는 두 손의 가락 수를 세거나 작은 나뭇가지 등을 놓아 표시할 수 있습니다. 그런데 물건의 수량이 많아지거나 세는 기준이 다른 경우에는 문제가 생깁니다. 특히 날짜나 계절을 셀 때 문제가 됩니다. 농경사회에서는 달력이 매우 중요합니다. 우리나라에서 예전부터 쓰는 달력으로 음력이 있습니다. 달의 공전 주기를 바탕으로 한 음력은 농사를 짓는 기준에는 적합하지만, 지구의 공전 주기를 기준으로 하는 실제 날짜와 비교하면 차이가 생깁니다.

문명이 발달했던 로마 시대에도 기준이 정해지지 않아 어떤 해는 1년이 355일이고 또 어떤 해는 382일이 되었습니다. 한 해의 수확량을 계산해 보면 당연히 382일이 355일보다 많게 됩니다. 세금을 책정하거나 관리들의 임금을 주는 데 어려움이 있었겠죠? 그래서 2천여 년 전에 율리우스 카이사르는 오늘날 우리가 사용하는 달력과 비슷한 율리우스 달력을 공포했습니다.

날짜의 기준을 잡는 것만큼이나 큰 숫자를 표시하는 데에도 어려움이 있었습니다. 처음에는 '천이 다섯 개요, 백이 세 개요, 십이 하나요'라고 해도 되었을 것입니다. 하지만 점점 더 물건이 많아지고 종류가 다양해질수록 이런 방식은 복잡하고 혼란스러웠습니다.

고대 인도에서 발견한 0은 이 모든 어려움을 해결하는 데 큰 도움이 되었습니다. 존재하지 않는 것을 뜻하는 0은 이전에 없던 개념이라 발명이라고 하는 사람도 있습니다. 지금 우리는 0의 개념을 포함한 아라비아숫자를 쓰고 있습니다.

다시 빅뱅으로 돌아가 볼까요? 없는 것을 뜻하는 0은 빅뱅 이전의 우주처럼 아무것도 없는 상태를 뜻하는 개념이라고 할 수 있습니다. 빅뱅은 0(없음)에서 1(있음)이 생겼다고 조금 거칠게 이야기할 수 있습니다. 이렇게 0은 숫자 표기의 편리함을 주었을 뿐만 아니라 우주의 진실을 품고 있습니다. 컴퓨터는 이런 0과 1의 비밀이 잘 적용된 사례입니다.

컴퓨터를 처음 만든 사람들은 0과 1의 다양한 조합으로 모든 숫자를 표시하는 방법을 활용합니다. 수를 셀 때, 자릿수가 올라가는 단위를 기준으로 하는 셈법인 진법을 숫자 2에 활용하는 것이죠. 0과 1, 둘 중 하나가 나타나는 것을 여덟 번 묶으면 비교적 큰 숫자인 255까지 표현할 수 있습니다. 00000000은 0, 00000001은 1, 00000010은 2, 00000011은 3, 00001111은 16, 11111111은 255가 될 수 있습니다. 이렇게 0 또는 1을 나타내는 1bit(비트)를 여덟 개 묶은 1byte(바이트) 개념이 탄생하게 됩니다. 이제 컴퓨터가 데이터를 다룰 수 있게 되었습니다. 컴퓨터에 들어온 데이터는 '프로메테우스의 불'처럼 세상을 변화시킬 큰 도구로 발전합니다.

1과 0의 비트가 많이 모이고 잘 설계될수록 뛰어난 컴퓨터가 됩니다. 이를 통해 작고 단순한 것도 잘 모으고 연결하면 뛰어난 기능을 가질 수 있다는 것을 알 수 있습니다. 빅데이터와 AI도 결국 데이터가 하나하나 모여 만들어집니다.

숫자 '0'

쐐기문자를 사용한 수메르 지역에서는 0을 줄 두 개로 표기했다. 인도에서는 오래전부터 0을 사용했는데, 바빌론의 수학자들은 기원전 300년에야 0을 사용하기 시작했다. 고대 그리스에서는 '없는 것을 나타낼 수는 없다'는 이유로 0의 사용을 반대했다. 0을 포함한 십진법의 표기를 이용한 숫자는 9-10세기에 이르러서야 본격적으로 사용되었다.

컴퓨터 저장 단위

1bit(비트): 0 또는 1의 값을 갖는 단위.

1byte(바이트): 8bit. 여덟 자리의 bit로 255까지의 숫자를 표기하는 단위.

1KB(킬로바이트): 1,000B. 정확한 표현은 1KB=1,024B지만 반올림해서 사용함.

1MB(메가바이트): 1,000KB = 1,000,000bytes.

1TB(테라바이트): 1,000GB(기가바이트) = 1,000,000KB.

메모리를 처리하는 반도체의 용량은 1년에 두 배 가까운 속도로 발전하고 있다.

★ **함께 읽어 보세요.**

데니스 슈만트 베세라트 지음, 《수학대왕이 되는 놀라운 숫자 이야기》, 임유원 옮김, 미래아이, 2007.

02
문명과 데이터

고대 벽화나 바빌로니아 점토판을 보면 다양한 그림, 문자, 기호 등이 있는 것을 알 수 있습니다. 이 그림들에는 죽음 등과 관련된 종교적 믿음이나 신화, 수렵 등의 생활문화, 동물의 모습들이 들어 있습니다. 그중에서 생활과 문화를 담은 점토판 등에는 데이터로 볼 수 있는 내용이 있습니다. 다음 22쪽 그림은 메소포타미아 문명 유적지에 담긴 점토판입니다.

처음 보면 알쏭달쏭하기만 한 모양들인데, 학자들이 분석해 보니 그 속에 숫자와 재배하는 식물, 심지어 사람 이름까지 들어 있다고 합니다. 점토판에 등장하는 사람의 이름은 '쿠심'입니다. 처음 기록물로 남은 사람 이름이기 때문에 어떤 사람들은 최초 인간의

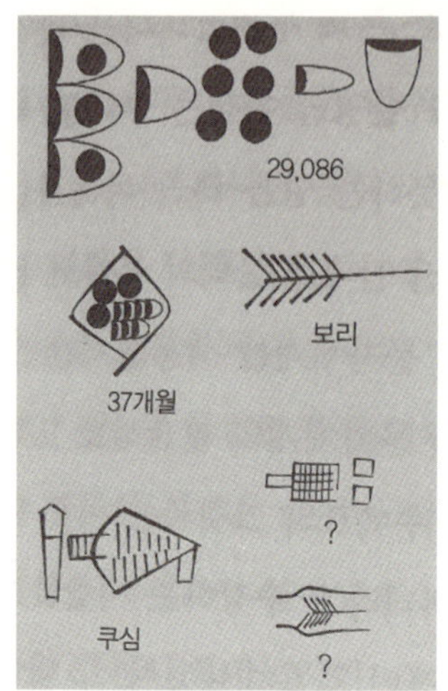

쿠심의 점토판과 그 해석.

이름을 '아담'이 아니라 '쿠심'이라고 하기도 한답니다.

이 점토판은 일종의 거래 영수증입니다. 해석 가능한 부분만 이용해 살펴보면 '보리 135,000단위(29,086자루) 37개월 쿠심'이라는 내용을 담고 있습니다. 이 중 어떤 것이 데이터일까요? 숫자만 데이터일까요? 보리도 데이터일까요? 모두 데이터입니다. 이 모든 데이터를 취합해 우리는 이 점토판이 '쿠심이라는 사람이 보리 135,000개를 37개월 동안 빌려 갔다는 것을 나타내는 영수증'이라는 것을 알게 됩니다.

이 점토판을 해석하려면 각 그림이 뜻하는 바를 알아야겠지요? 이때 숫자나 문자로 해석하기 전 그림들은 데이터가 아닐까

지속가능한 세상을 위한 데이터 이야기

요? 그것도 데이터입니다. 해석이 필요한 기호 데이터라고 할 수 있어요.

데이터가 된 기호

사실 앞에서 다루었던 숫자도 기호라고 할 수 있습니다. 기호는 문자나 부호로 표현되는 그림문자를 뜻합니다. 지금 우리가 쓰는 숫자는 아라비아 사람들이 쓰던 숫자 '기호'입니다. 다른 문명에서도 나름의 기호로 숫자를 표시했어요. 중세에 중동 사람들이 실크로드 등을 통해 무역을 많이 했기 때문에 아라비아숫자가 표준으로 발전했을 겁니다. 그림 기호는 서로 약속을 해야 해석할 수 있기 때문에, 나라가 바뀌거나 시간이 흐르면서 없어지거나 새로 생기기도 합니다. 오랜 시간이 지나고도 살아남은 그림 기호는 수학 기호들로 포함되어 여전히 사용하고 있습니다.

컴퓨터의 경우 아스키코드표를 만들어 특정한 숫자값에 기호와 문자를 하나씩 대응시켰어요. 우리가 사용하는 키보드에 있는 기본값들(한글 제외)은 모두 연결된 아스키코드가 있다고 생각하면 됩니다. 기호화된 그림들은 데이터가 될 수 있는데 일반 그림은 데이터가 될 수 없을까요? 구글 포토는 어떻게 고양이 사진을 검색해 낼까요?

가장 기본적인 원리는 픽셀pixel(모니터의 좌표값으로 주소화할 수 있는 화면의 가장 작은 단위)의 구성 형태에 있습니다. 픽셀은 디지털 이미지를 구성하는 기본 단위입니다. 픽셀이 구성된 형태의 패턴과 모양 등을 분석해, 이미 알고 있는 고양이 이미지와 비교하는 것이지요. 이때 데이터는 픽셀 데이터, 픽셀들의 연결을 알려주는 데이터 등으로 구성됩니다. 이런 데이터들을 처리하는 과정을 통해 컴퓨터는 이미지를 인식하고 분석할 수 있게 됩니다.

픽셀의 순서 또는 색깔 등의 특징을 이용하는 원리는 우리가 채팅할 때 사용하는 문자 이모티콘을 거꾸로 생각하면 알 수 있습니다. 이모티콘은 문자, 특수기호, 숫자를 이용해 다양한 감정과 생각을 표현하는 '이미지'를 전달하는 것이지요. 각각의 문자와 특수 기호 등의 특징, 그리고 이 기호들이 결합해 하나의 이미지를 형성하고 만들어 내는 과정을 컴퓨터는 반대로 진행합니다. 주어진 이미지를 하나씩 분해해 가며 각각의 특징과 연결 관계를 통해 의미를 분석합니다. 컴퓨터가 그림을 인식하는 방식은, 그림을 크게 확대하면 작은 점들이 보이는 것처럼, 표현된 이미지를 하나씩 분석하는 것이라고 생각하면 됩니다. 컴퓨터는 먼저 그림을 그 그림을 구성하는 픽셀들로 나눕니다. 그리고 픽셀 정보를 모아 분석합니다. 반복되는 수와 색깔, 변하는 위치 등을 계산하는 것이지요. 그림과 마찬가지로 소리나 동영상도 이렇게 작은 단위로 나눈

　　　　　　　　　

다음 데이터 집합의 특성을 추출해 처리하게 됩니다. 이 과정에서는 패턴 분석을 하게 되죠. 패턴 분석은 중요한 기능이므로 뒤에서 (2장 2절 '데이터가 모여 생기는, 패턴') 따로 다루겠습니다.

★ **함께 읽어 보세요.**

찰스 펫즐드 지음, 《CODE 코드》, 김현규 옮김, 인사이트, 2015.

03
데이터와 언어

앞서 숫자나 기호 등을 데이터라고 했습니다. 데이터의 사전적 의미를 한번 살펴볼까요? 컴퓨터에서 쓰는 의미는 "프로그램을 운용할 수 있는 형태로 기호화·숫자화한 자료"입니다. 그럼 문자는 어떨까요? 물론 문자도 처리할 수 있습니다. 문자를 데이터로 처리하려고 문자를 위한 유니코드를 만들었습니다. 전 세계 모든 문자를 다루도록 설계된 표준문자전산처리방식을 유니코드라고 합니다. 이 코드가 있어서 문자도 데이터로 처리할 수 있는 것이죠.

문자가 발명되기 전부터 생명체들은 소리로 소통해 왔습니다. 동물들도 소리로 의사소통을 합니다. 인류도 다양한 형태로 소리를 표현하며, 언어를 사용해 왔습니다. 그런데 세상에는 아직 문자가 없는 언어도 많이 있습니다. 인도네시아의 소수민족 찌아찌아족은 문자가 없어 한글을 문자로 채택했습니다. 문자가 있어야 정보와 지식을 보관하고 공유하고 물려주기에 좋기 때문입니다. 다양한 문자 중에서 한글은 가장 과학적이고 발달된 문자로 평가받습니다.

영화 〈나랏말싸미〉를 보면 인간이 소리를 내는 구강 구조를 본떠 한글을 만드는 장면이 나옵니다. 우리는 그렇게 만든 자음과 모음을 묶어서 다양한 소리를 표현하고 있지요. 대부분의 언어는 누가 만들었는지도 모르고, 수백 수천 년 동안 여러 언어가 섞여 발전해 왔습니다. 수많은 언어와 문자 가운데서도 한글은 과학적이고, 다양한 소리를 풍부하게 표현할 수 있는 문자입니다. 일반적으

영화 〈나랏말싸미〉 포스터.

로 외국어를 배우는 일이 쉽지 않지만, 한국어가 비교적 배우기 쉽다는 평가가 나오는 이유는 한글이라는 우수한 문자를 가지고 있기 때문입니다.

컴퓨터에 적합한 언어는 무엇일까?

컴퓨터 키보드를 보면, 다른 동양권 문자보다는 한글이 탁월해 보입니다. 한자를 쓰는 중국이나 일본 같은 나라는 한자의 발음을 키보드로 친 후 해당하는 한자를 다시 찾아야 하는 불편함이 있습니다. 그래서 키보드를 한글처럼 눈에 바로 보이게 구성하기 힘듭니다. 또 일본어는 외래어를 표기할 때, 히라가나와 가타카나만으로는 제대로 표현하기 어렵습니다. 그래서 영어를 일본어식으로 발음해 보면, 원음과 차이가 크게 나는 경우가 꽤 있습니다.

그런데 한글이 컴퓨터에 가장 적합한 문자라고 이야기할 수 있을까요? 조금 다르게 이야기해 볼까요. 한글은 과학적이고 우수하지만, 한국어는 디지털에 그렇게 적합한 언어는 아닐 수도 있습니다. 문자와 언어를 구분하니 조금 혼동이 되나요? 문자와 달리 언어에는 어순이나 조사 등 추가적인 특징들이 있지요. 한글이 창제되기 전에도 한국어가 있었다는 점을 생각하면 언어와 문자의 차이를 알 수 있을 거예요. 찌아찌아족의 경우를 보더라도 문자는 한글로 쓰면서 말은 찌아찌아어로 하고 있으니까요.

지금 컴퓨터가 가장 좋아하는 언어는 영어입니다. 한국어로 글을 쓸 때 가장 어려운 것이 띄어쓰기죠. 컴퓨터도 이 부분을 어려워합니다. 다양한 조사가 있는 한국어에 비해 영어는 전치사 따위가 모두 스페이스(한 칸 띔)로 구분되어 있지요. 인터넷에서 검색할 때는 명사를 중심으로 다룹니다. 그러니까 조사가 따로 떨어져 있으면 컴퓨터 프로그램이 훨씬 빨리 작업할 수 있겠지요. 검색할 때도 시작하는 글자가 영어면 1byte로 충분한데, 한글은 한 글자가 2byte가 됩니다. 또한 영어권에서 컴퓨터를 발달시켰기 때문에 영어를 기준으로 한 경우가 많아요. 앞에서 아스키코드에 오직 '영어'만 포함된 것만 봐도 그렇습니다.

인공지능에서 가장 중요한 것이 언어입니다. 우리가 가장 많이 쓰는 인공지능형 프로그램이 번역기인 것을 보면 알 수 있지요. 언어를 인공지능으로 처리하려면 자연어 처리가 필요해요.

'자연어 처리'는 컴퓨터가 마치 인간처럼 언어를 자연스럽게 처리한다는 뜻입니다. 자연어 처리를 위해서는 명사 같은 단어뿐만 아니라 다양한 언어의 특성을 디지털 데이터로 만들 수 있는 말뭉치가 필요합니다. '디지털 언어 사전'으로 비유할 수 있지만, 단어 중심의 기존 사전과는 달리 문맥 중심의 사전이라 기존 사전보다 복잡하고 높은 기능을 요구합니다.

영어는 150년이 넘는 기간 동안 언어를 분석해 축적해 왔습니다. 그만큼 말뭉치 연구와 결과물이 풍부하겠지요? 한글은 국립국어원에서 2015년부터 말뭉치를 만들기 시작했어요. 아직 얼마 되지 않았지요. 구글 번역기에서 가끔 한국어 번역이 어색한 것은 그런 말뭉치 데이터가 풍부하게 구축되어 있지 않기 때문이라고 할 수 있습니다.

자연어(自然語, natural language 또는 ordinary language)

자연어 혹은 자연언어는 사람들이 일상적으로 쓰는 언어를 인공적으로 만들어진 언어인 컴퓨터 언어 등과 구분하여 부르는 개념이다.

말뭉치

말뭉치는 영어로 'corpus'라고 한다. "연구를 위한 자료나 정보의 모음"을 뜻한다. 옥스퍼드 사전에서는 말뭉치를 "언어학과 사전 편찬에서 한 언어를 대표하는 것으로 생각되는 원문, 발화 또는 기타 표본들의 뭉치를 뜻하며, 대개 전자 자료의 틀로 저장되어 있는 것"이라고 설명한다. 예를 들어, '감사하다'와 관련된 말뭉치 분석은 다양한 활용 형태(감사합니다, 감사하다, 감사해요 등)와 문장의 특징을 데이터베이스화해야 한다.

국립국어원 말뭉치 사이트

국립국어원 '모두의 말뭉치' https://corpus.korean.go.kr 에 가면 인공지능의 한국어 처리 능력 향상에 필수적인 한국어 학습 자료 13종, 18억 어절 분량의 데이터를 찾아 볼 수 있다.

★ 함께 읽어 보세요.

시정곤·최경봉·박영준 지음, 《한글에 대해 알아야 할 모든 것》, 책과함께, 2008.
배우안 지음, 《다 알지만 잘 모르는 11가지 한글 이야기》, 책과함께어린이, 2010.

04
지식과 정보 그리고 데이터

"배우고 익히면 즐겁지 아니한가!" 공자가 한 말입니다. 이렇게 '즐겁게' 학습하여 쌓이는 것이 지식(앎)입니다. 수천 년 동안 지식이 쌓여 왔지만, 과거에는 소수의 사람들만 지식을 모아 놓은 책을 가까이 할 수 있었습니다. 문자가 생긴 지 오래된 나라에서도 교육의 기회가 일부에게만 주어졌기 때문입니다. 서양에서는 근대 이후, 우리나라에서는 구한말 이후부터 누구나 교육받을 기회가 열렸어요.

인간의 정신적 산물인 지식은 여전히 중요한데 어느 때부터인가 정보 또는 데이터에 대해서만 이야기합니다. 무슨 이유 때문일까요? 결론부터 말하면, 지식은 여전히 중요하지만 기술의 발달로

초창기 단말기의 모습.

인해 정보와 데이터를 더욱 잘 다룰 수 있게 되었기 때문입니다.

정보가 본격적으로 세상의 중심으로 나타나기 시작한 시기는 1970년대입니다. 미국은 제2차 세계대전 이후 경제가 급속하게 발전했습니다. 1970년대에 이르러 모든 가정에 전화기가 공급되었고, 통신 기술도 크게 발달합니다. 처음에는 대화를 나누는 전화로만 사용되던 통신이 전자식 전화기가 나오면서 전화기 버튼을 이용하는 홈쇼핑 등에 사용되기 시작했습니다. 이게 조금 더 발달하면서 단말기라는 기계가 보급되기 시작합니다. 단말기는 문자를 볼 수 있고, 지금의 키보드처럼 문자와 기능을 가진 버튼이 있었습니다. 기업들은 단말기에 다양한 '정보'를 제공하기 시작했습니다.

그후 PC Personal Computer (개인용 컴퓨터. 1981년 IBM에서 개인용 컴퓨

터를 만들면서 이 표현을 처음 사용했다)가 보급되면서 PC통신의 시대가 열리게 됩니다. 지금은 IT가 정보기술Information Technology이라는 뜻으로 사용되지만, 처음에는 정보통신Information Telecommunication을 뜻했어요. 지금도 통신의 중요성을 담은 ICTInformation and Communications Technology라는 말을 쓰기도 합니다. 그만큼 통신의 발달이 정보 혁명을 이끌었다고 할 수 있습니다.

IT 혁명 시대

1990년대 초 인터넷이 등장하면서 IT 혁명이라고 할 정도로 정보 서비스가 크게 발달합니다. 우리나라는 이때 IT 강국이 되었습니다. 조금 다른 이야기지만, 왜 한국이 IT 강국이 됐는지 생각해 보았나요? 지금은 50-60대가 된 베이비부머 세대가 이때 20-30대였습니다. 젊은 세대라 변화에 대한 열정이 있었고, 이전 세대에 비해 대학을 졸업한 인구가 많아져서 학습 능력 또한 높았다고 할 수 있어요. 시기와 사람이 잘 맞아떨어진 경우라고 할 수 있지요.

> **베이비부머(baby boomer)**
> 보통 제2차 세계대전 이후 1946-1964년에 출생한 세대를 가리키는 말이지만, 한국의 경우 한국전쟁 직후인 1955년부터 가족 계획 정책이 시행된 1963년까지 태어난 세대를 말한다.

　내용의 질이나 가치 면에서는 데이터보다는 정보가, 정보보다는 지식이 더 우위라고 해야겠지요. 여기에 하나를 더해 지식을 넘어서는 '지혜'를 포함할 수 있지만, 기본적으로는 데이터, 정보, 지식, 이렇게 세 가지만 생각하면 됩니다. 그런데 그 가치와는 반대로 세상의 관심사가 정보와 데이터로 넘어가는 이유는 속도와 양의 엄청난 발전 때문입니다.

　공자는 "남(여)자는 모름지기 다섯 수레의 책을 읽어야 한다"고 이야기했죠. 공자가 살던 시기에 다섯 수레의 책은 지금으로 치면 두세 권 정도밖에 되지 않습니다. 당시의 책은 대나무를 잘라서 만든 죽간에 글을 써서 만들었기 때문에 부피가 상당했습니다. 그만큼 책에 담긴 지식은 소중했지만 양이 적었어요. 나중에 종이가 발명된 이후에도 인쇄 혁명이 있기 전까지는 책 자체가 그렇게 많지 않았습니다. 책이나 잡지가 많아진 후에도 많은 양의 정보를 접하기는 쉽지 않았고요. 사람들은 주로 신문을 통해 정보를 얻었습니다.

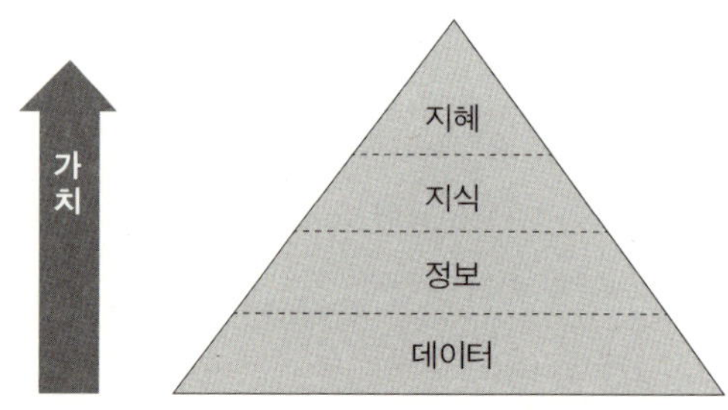

데이터에서 지혜에 이르는 가치 피라미드.

IT 시대가 되면서 누구나 정보를 실시간으로 접할 수 있게 되었습니다. IT 시대 전에는 주로 데이터가 연구나 학문 등에 사용되었습니다. 뉴스 등에 제공되는 정보에는 데이터가 부족했어요. 그런데 모바일 시대가 오고, 컴퓨터 저장 용량이 늘고, 통신 속도가 빨라지면서 '주어진' 정보만 전달하는 것이 아니라 데이터를 취합해 '새로운' 정보를 만들어 제공하는 기술이 발달하게 됩니다. 학

문의 영역뿐만 아니라 일반 기업들도 데이터를 손쉽게 가공하게
됨으로써 ‘누구나’ 데이터를 이야기하는 시대가 열린 것이지요.

지식과 정보는 그 자체로도 사용할 수 있지만, 데이터는 대부
분 음식의 재료처럼 요리 과정을 거쳐야 정보나 지식이 될 수 있
어요. 데이터를 잘 활용하면 지금까지 없던 정보와 지식을 만들 수
있습니다. 정보와 지식의 양과 질이 데이터를 통해 크게 확장할 수
있게 된 것이지요.

★ 함께 읽어 보세요.
정지훈 지음,《거의 모든 IT의 역사》, 메디치미디어, 2020.

05
빅데이터

앞에서 데이터, 정보, 지식, 지혜 등을 도식화해 보았습니다만 (36쪽 도표), 이는 이해를 돕기 위해 단순하게 표현한 것일 뿐입니다. 일반적으로 그렇다는 이야기고, 예외가 있습니다. 예를 들면, 데이터 자체가 정보가 될 수 있습니다.

달의 중력은 지구의 6분의 1입니다. 중력과 6분의 1이라는 데이터만 있지만, 그 자체로도 정보가 됩니다. 달에서는 걸을 때 점프하듯 걸을 수 있겠다는 정보, 달의 중력이 약하니 지구보다 공기가 희박하겠다는 정보도 조금만 생각하면 연상할 수 있습니다. 어떤 데이터는 가공 과정을 거치지 않고도 바로 정보가 됩니다.

반대로 어떤 정보는 데이터가 되기도 합니다. 여기서 데이터가 된다는 것은 정보가 아니라는 말이 아니라, 데이터처럼 재료가 되어 또 다른 정보를 만들 수 있다는 이야기입니다. 예를 들어, 어떤 프로야구 선수가 스카우트 비용이 비교적 적다는 정보가 있다고 쳐 볼까요? 그런데 그 선수의 '타율은 낮고 출루율은 좋다'면 어떨까요? 이때 스카우트 비용이 적다는 '정보'와 출루율 '데이터'를 결합해 이 선수를 스카우트하면 비용 대비 효과가 좋을 것이라는 정보를 만들 수 있습니다.

어떤 지식을 공부할 때 무조건 외우는 것보다 조금 비틀어 보고 다르게 생각해 보는 사람이 그 지식을 풍부하게 적용할 수 있다고 합니다. 빅데이터라는 표현도 그렇습니다. 어떤 사람들은 빅데이터라는 표현을 두고 '데이터를 많이 다루는 기술이구나' 또는 '많은 데이터가 있는 분야에 적용할 수 있는 기술이겠구나' 생각합니다. 맞는 이야기지만 뭔가 부족합니다.

우리나라에서 가장 데이터가 많은 곳은 어디일까요? 국가가 보유한 공공 데이터들이 있는 곳이겠지요. 기업 중에는 어디일까요? 통신사나 포털 회사일 가능성이 높겠지요. 그런데 국가나 통신사들이 뛰어난 빅데이터를 구축하고 있을까요? 그렇지는 않아요. 그 이유가 무엇일까요?

연결되어 가치가 높아지는 데이터

'구슬이 서 말이어도 꿰어야 보배다'라는 속담에 힌트가 들어 있어요. 구슬은 지금처럼 유리가 흔하지 않았던 옛날에는 보석과도 같은 것이었을 겁니다. 그런데 서 말(4리터짜리 페트병 열두 통 부피)이면 무척 많은 양입니다. 귀중한 보석이 아무리 많더라도 다듬고 정리해야 가치가 있다는 뜻으로 새길 수 있겠죠.

그런데 구슬 서 말을 다 꿰면 팔 수 있을까요? 빅데이터라는 이름 때문에 아주 많은 데이터를 다 처리해야 한다는 생각을 한다면 오히려 함정이 될 수 있습니다. 대신 비교적 적은 양의 구슬을 나이나 취향 또는 목적에 맞게 꿰면 많이 팔리지 않을까요? 젊은 감성을 추구하는 사람을 위해 파란색 구슬을 많이 넣는다든지, 팔찌로 사용하려는 사람을 위해 작은 크기의 다양한 색 구슬을 넣는다든지 하는 식으로요.

이때 필요한 것이 구슬이 가지고 있는 데이터를 보는 눈입니다. 파란색에는 젊음이라는 데이터가 있음을 간파하고, 또 각각의 구슬 크기를 나누는 기준 데이터를 만들어 짝을 지어 놓으면, 구슬을 사려는 사람들의 다양한 요구를 빠르고 정확하게 맞출 수 있습니다.

이제 꿰는 눈이 생겼다면 무엇을 해야 할까요? 구슬(데이터)을 모아야겠죠. 데이터를 모으는 방법은 크게 두 가지가 있습니다. 하나는 무료로 얻는 방법, 두 번째는 만드는 방법.

데이터를 무료로 얻을 수 있는 대표적인 저장소는 국가에서 운영하는 공공기관이에요. 공공기관은 의무적으로 공공 데이터베이스^{DB}를 공개하게 돼 있어요. 버스가 오는 시간을 알리는 앱^{APP}은 국가가 취합한 교통 정보를 이용합니다. 공공 데이터베이스를 이용해 잘 꿰어 보석처럼 만든 앱들이 있지요.

공공 데이터베이스 외에 기업의 웹사이트도 참고할 수 있어요. 이런 곳에서 데이터를 가져오는 기술을 크롤링이라고 합니다.

여기서 주의할 것이 있어요. '허락한' 경우만 데이터를 가져올 수 있다는 점이에요. 남이 애써 만든 것을 그냥 가져오면 도둑질이 되지요. 다행히 포털 사이트 같은 큰 사이트들은 가져갈 수 있는 데이터를 미리 정해 놓고 잘 가져갈 수 있도록 지원하고 있어요.

> **크롤링(crawling)**
>
> 'craw'는 '기다'라는 뜻인데, 크롤 어선처럼 바닥을 긁듯이 수집한다는 의미에서 '크롤링'이라는 말을 사용한다. 다른 말로 스크레이핑^{scraping}이라고도 하는데, 'scrape'는 '긁다'라는 뜻이다. 빅데이터에서 크롤링은 다른 웹사이트의 데이터를 수집하고 분류하는 것을 의미한다.

꿰기 전의 구슬들.

어떤 정보를 만들고 싶은데 데이터가 없는 경우에는 데이터를 만들어야겠지요. 대표적인 경우가 메타데이터입니다. 메타데이터는 주어진 데이터를 묶어 새롭게 만든 데이터를 뜻해요. 앞에서 언급한 '구슬'은 색깔, 크기, 재료 등이 기본 데이터일 거예요. 그런데 젊음이나 건강 같은 의미를 지닌 구슬 목걸이를 찾는 사람을 위해 파란색 구슬과 초록색 구슬에는 '시원함', 노란색 구슬과 빨간색 구슬에는 '따뜻함'이라는 데이터를 연결해 놓으면 어떨까요? 이때 '시원함' '따뜻함'은 원래 있던 데이터가 아니라 기존의 색깔 데이터를 넘어선 새로운 데이터, 즉 메타데이터가 되는 것이지요.

구슬의 크기나 색깔 등의 데이터만 가진 상인보다 '느낌'이라는 새로운 데이터를 가진 상인이 물건을 더 많이 파는 것은 당연한 일이겠지요. 이렇게 메타데이터는 새로운 데이터이기 때문에 메타데이터를 이용해 만든 정보는 귀중한 가치를 가지게 됩니다.

★ 함께 읽어 보세요.

조성준 지음, 《세상을 읽는 새로운 언어, 빅데이터》, 21세기북스, 2019.

2장

데이터는 어떻게 발전해 왔을까?

01

컴퓨터가 닮고 싶은, 뇌

인공지능AI, Artificial Intelligence 이라는 말에서 지능은 지적 능력, 즉 인간의 뇌가 가진 능력을 말합니다. 그러므로 AI 관련 기술은 인간의 뇌를 연구합니다. 뇌과학이 발달하면서 AI 기술도 좋아지고 있습니다. '딥러닝'deep learning 이나 '인공신경망'artificial neural network (인간의 뉴런 구조를 본떠 만든 기계학습 모델)이라는 기술도 뇌의 작동 원리를

뇌과학

뇌를 포함한 신경계를 연구하는 생물학의 한 분야. 심리학 및 인지과학과 밀접하게 연관되어 있다.

연구한 결과물을 프로그램으로 응용한 경우입니다. AI는 뇌의 '지능'에 방점을 둔 것처럼 보이지만, 실제로는 데이터를 다루는 기술들을 활용해 궁극적으로 '지능'을 지향한다고 생각해야 합니다. AI 기술은 실제 인간의 뇌에 비하면 아직 부족한 단계지요. 지금은 다양한 데이터와 정보를 다루는 뇌의 기능들을 중심으로 컴퓨터 프로그래밍에서 활용하고 있습니다.

효율성 높은 뇌

인간의 뇌는 매우 효율적입니다. 냄새가 그 한 예입니다. 냄새를 한번 맡은 후에는 같은 냄새에 대해 더 이상 냄새가 난다고 정보를 처리하지 않습니다. 방귀를 뀐 사람은 곧 냄새를 잃어버리죠. 그런데 누군가 옆에 오면 냄새가 난다고 난리가 납니다. 정작 방귀를 뀐 사람은 아무 냄새도 안 나는데 왜 그러냐고 반박하기도 하죠. 비슷한 사례로 인간은 나이가 들수록 시간이 빨리 간다고 느낍니다. 중복된 정보를 버리는 뇌의 기능 때문일 수 있습니다. 나이가 들수록 일상에서 새로운 일이 줄어들죠.

같은 하루를 똑같이 아이와 노인이 보낸다고 생각해 보세요. 아이는 모든 것이 새롭기 때문에 하나하나 기억하죠. 하지만 노인은 이전에 경험하지 못했거나 새롭게 의미를 가지는 경우가 아니면 뇌의 기억세포가 기록을 하지 않습니다. 그러니 아이가 기억하는 하루의 시간에 비해 노인은 훨씬 짧은 하루를 기억하게 됩니다. 이렇게 며칠, 몇 달이 지나면서 나이에 비례해 세월이 빨리 간다고 느끼게 되는 것 같습니다. 물론 신경세포가 약해져서 그렇다고 생각할 수도 있어요. 하지만 최근 뇌과학에 의하면 나이가 들어도 뇌는 계속 발달한다고 하니, 중복된 정보를 버리는 뇌의 기능 때문이라는 앞의 추론도 설득력이 있습니다.

뇌는 상당히 효율이 높게 활동하기 때문에 데이터 혹은 정보를 정리하는 능력이 탁월합니다. 뇌는 비슷한 정보들이 가까운 곳에 모여 있도록 처리합니다. 컴퓨터의 조각 모으기 기능의 고급 버전이라고 할까요. 컴퓨터의 조각 모으기는 관련 데이터를 가까운 곳에 모아서 컴퓨터의 처리 속도를 높이는 것이죠. 뇌도 그런 기능을 수행하지만 데이터를 보다 체계적으로 관리합니다. 그 비결은 그물, 한자로는 망網, 영어로는 네트워크입니다.

뇌를 구성하는 신경세포 4천억 개는 한 세포당 많게는 4만 개까지 연결되어 있습니다. 뇌는 크게 기억, 판단, 시각 관리 등으로 구분되어 있는데요. 그 안에 있는 세포들은 각각의 역할을 갖고 신경망을 구성합니다. 잘 짜인 군대처럼 각각의 역할이 있는 것이지요. 만약 각각의 신경세포가 모든 정보를 다 다룬다면 갈수록 많아지는 정보량 때문에 문제가 생길 것입니다. 하지만 뇌에는 사람이

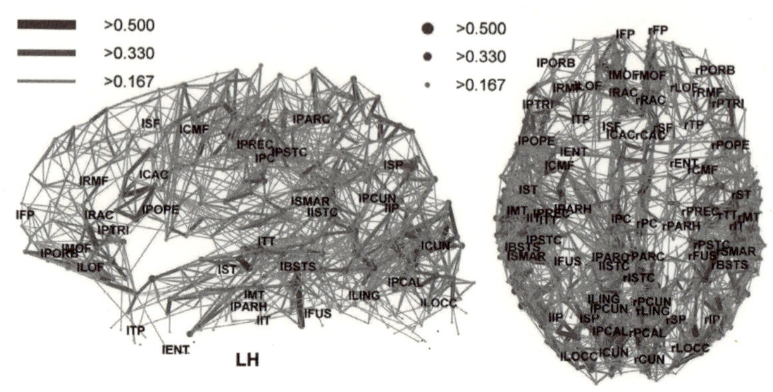

뇌의 신경망 이미지.

죽을 때까지 다 사용할 수 없을 만큼 많은 데이터와 정보를 처리할 능력이 남아 있습니다. 이렇게 효율적인 신경망을 모방하는 기술이 인공신경망 기술입니다. 하지만 뇌처럼 수천 조에 달하는 연결로 구성된 신경망을 따를 수 있는 AI 기술을 가까운 시간 안에 구현하기는 힘들어 보입니다.

감동하는 뇌

뇌의 이런 신경망 구성은 공부 방법에도 중요한 교훈을 줍니다. 암기과목을 단순히 암기하기보다는 연관지어 공부할수록 뇌에 강한 기억 요구를 할 것이고, 나중에 연관 정보를 기억해 내기도 쉬워질 것입니다. 예를 들어, 역사 공부를 할 때 뜻도 잘 이해하지 못하고 이름이나 제도를 암기하면 그 정보의 '연결성'이 적기 때문에 뇌는 그 정보를 엉뚱한 곳에 두었다가 버릴 수 있습니다. 하지만 인물의 행동이나 제도가 나온 배경을 함께 생각하며 공부한다면 뇌는 그 정보를 중요하게 처리해서 나중에 더 잘 기억하게 합니다.

한편 매일 비슷한 하루를 보내는 사람의 뇌는 점점 게을러진다고 합니다. 효율의 어두운 면이 게으름이죠. 뇌의 신경이 게을러지면, 신경 연결이 약해지면서 치매에 걸리거나 우울증에 걸릴 확률이 높아집니다. 뇌는 새로운 정보나 자극을 싫어하면서도 그런 정보가 오면 바쁘게 움직입니다. 일을 하기 싫어하는 일꾼이지만 막상 일거리가 생기면 누구보다 열심히 일하는 일꾼이라고 할까요. 공부가 재미있다는 사람은 처음 공부할 때의 부담보다 끝의 결과물을 즐기는 훈련이 잘되어 있는 사람이 아닐까 싶습니다.

뇌를 일하게 하는 자극에는 여러 가지가 있습니다. 《자주 감동받는 사람들의 비밀》이라는 책에서는 자연을 산책하거나 여행이나 공연 관람 등을 통해 '감동'을 하면 창의력이나 삶의 활력이 올라간다고 이야기합니다. 감동은 약간 정서적인 부분이라고 할 수 있습니다. 사고력이나 창의력과 직접 관련되어 뇌를 자극하는 방법은 책을 읽는 것이겠지요. 아무 책이나 읽는 것이 아니라 '뇌를 자극하는 책'을 볼 때 자극이 되겠지요. 다시 말하면, 연결이 많은 책이 뇌를 자극합니다.

물론 이것저것 연결되다 보니 읽기에는 어려울 수 있어요. 앞에서 말한 것처럼 뇌는 자극을 싫어하는 편이라 어려운 책을 좋아하지 않습니다. 하지만 뇌는 그런 내용도 잘 정리해서 차곡차곡 저장해 놓습니다. 4조 개의 연결망을 가지고 있으니, 뇌는 아무리 어려운 내용이라도 충분히 담아낼 수 있습니다. 연결을 많이 한 뇌일수록 전혀 예측하지 못한 상황에서도 해석하고 나름대로 대안을 만들 수 있지요. 아마도 그 순간이 창의력이 발현되고 인간의 지능이 나타나는 때일 겁니다.

★ 함께 읽어 보세요.

김대수 지음,《뇌과학이 인생에 필요한 순간》, 브라이트, 2021.
사라 함마르크란스·카트린 산드베리 지음,《자주 감동받는 사람들의 비밀》, 김아영 옮김, 동양북스, 2021.

02
데이터가 모여 생기는, 패턴

앞에서 뇌가 연결망을 이용해 효율적으로 데이터(정보)를 관리한다고 했습니다. 또 하나의 방법은 패턴을 이용하는 것입니다. 패턴은 되풀이되는 사건이나 물체의 형태를 가리킵니다. 우리말에 '쪽매맞춤'이라는 말이 있는데, (정삼각형, 정사각형, 정육각형 등) 평면 도형을 겹치지 않으면서 빈틈없이 채우는 것을 말합니다. 경복궁 자경전 벽면 장식을 보면 같은 모양이 규칙적으로 반복되어 평면을 채운 것을 확인할 수 있습니다.

자주 쓰는 영어 표현 중 '루틴'routine이라는 말이 있죠. 루틴은 생활 습관 또는 버릇이라고 하는데요. 루틴에 규칙성이 생기고 나름의 의미를 줄 수 있다면 패턴과 뜻이 비슷해집니다. 패턴을 단순

이슬람 패턴   눈 결정   리아스식 해안 개념도

히 반복되는 사건만으로 생각하면, 너무 좁은 의미입니다. 데이터 과학에서 사용하는 패턴은 전체의 부분이면서도 전체를 구성한다는 점에서 매우 중요한 개념입니다.

위의 맨 왼쪽 그림은 동일한 모양이 반복되는 이슬람의 무늬입니다. 똑같은 그림 모양이 여기서는 패턴입니다. 패턴은 한 부분이 반복되는 단순한 구조이지만, 전체를 보면 완전히 새로운 의미를 만들 수 있다는 것을 보여 줍니다.

패턴을 일상에서 쉽게 발견할 수 있는 것은 아니죠. 하지만 자연에는 패턴이 많이 있습니다. 얼음이나 눈의 결정 모양을 보면 일정한 패턴을 가지고 있습니다. 온도에 따라 눈의 패턴 모양이 바뀌기는 하지만 한 가지 상태에서는 한 가지 패턴을 가집니다.

어떤 경우에는 작은 모양의 패턴들이 결합한 전체 모양 역시 작은 패턴들과 동일한데, 이것을 프랙탈fractal이라고 합니다. 리아스식 해안이 대표적입니다. 54쪽 맨 오른쪽 그림에서 왼쪽의 별모양은 리아스식 해안을 멀리서 본 것입니다. 조금 더 가까이서 보면 작은 별모양이 각각의 모서리에 똑같이 있는 것을 알 수 있습니다. 더 자세히 들여다보면 그 작은 별모양 모서리도 똑같은 모양을 하고 있는 것을 확인할 수 있고요.

학문에는 패턴이 발견된다

패턴은 과학에서만 발견할 수 있고 기하 모양으로만 나타날까요? 그렇지는 않습니다. 모든 학문 분야에서 패턴을 발견할 수 있습니다. 철학의 사고 방법 중에서 가장 유명한 것이 헤겔^{Georg Wilhelm Friedrich Hegel}의 변증법입니다. 단순한 표현으로는 '정^正-반^反-합^合'의 방법론이라고 할 수 있습니다. 여기서 정은 '바르다'는 뜻의 한자를 쓰지만, 하나의 정해진 주장(논리나 사상 등)을 의미합니다. 반대가 되는 주장(논리나 사상 등)이 있으면, 원래 주장이 옳든 그르든 '정'이라고 표현하는 것이죠. 헤겔의 변증법을 정리하면, "'정'의 주장이 '반대'되는 주장을 만나 서로 영향을 미치며 변화하여 '합'하는 주장이 된다"로 이해할 수 있습니다.

합해진 주장으로 끝나는 것이 아니라 또 다른 반대 주장을 만나면 합의 주장이 하나의 정^正이 되는 과정을 반복합니다. 반복되어 새로운 철학을 잉태하는 것이죠. 내용은 새로운 것으로 바뀌지만, 원래의 철학적 방법론은 그대로입니다. 일종의 패턴이라고 할 수 있습니다.

인문학에서 이런 패턴을 발견할 때마다 중요한 이론이 만들어집니다. 인문학의 정식 명칭은 인문과학입니다. 과학이 붙은 이유는 과학적 방법론을 사용하기 때문이지요. 인문과학과 유사하지만 다른 분야가 사회과학입니다. 인문과학이 주로 철학과 심리학 등 인간의 본질을 탐구하는 분야라면, 사회과학은 경제학이나 정치학 등 인간의 사회구조와 관계된 내용을 연구하는 분야입니다.

과거에도 인문과학과 사회과학에 과학이 많이 활용되었지만, 최근 뇌과학이 발달하면서 뇌과학과 심리학, 뇌과학과 경제학 등 과학을 더욱 활발하게 적용하고 있습니다. 인문계와 자연계로 나누어 공부하는 교육이 바람직하지 않다는 이야기도 이렇게 학문의 융합 발달이 점점 많아지기 때문인 것 같습니다. 인문학에서 새로운 패턴을 발견하면 새로운 주장(논리)을 펼칠 수 있습니다. 그 패턴이 단순한 반복이 아니라 다양하고 풍부한 정보를 생산할 수 있다면, 더욱 가치 있는 과학이 됩니다.

학문이 과학이 되기 위해 과학적 방법론이 필요한 것처럼 데이터도 과학, 즉 데이터 과학이 되려면 패턴과 같은 과학적 방법론이 필요합니다. 앞에서 이야기했듯이 일상에서 패턴을 찾는 일이 쉽지만은 않습니다. 따라서 정보, 생활, 콘텐츠 등에서 패턴을 찾는다면 높은 성취를 이룰 수 있다고 할 수 있겠지요.

★ 함께 읽어 보세요.

필립 볼 지음, 《자연의 패턴》, 조민웅 옮김, 사이언스북스, 2019.
배수경 지음, 《만델브로트가 들려주는 프랙탈 이야기》, 자음과모음, 2008.

03

전문용어에서 일반어가 된, 알고리즘

뉴스에서 '알고리즘'이라는 표현을 자주 사용하기 시작한 때는 아마도 프로 기사 이세돌과 AI 프로그램 알파고의 바둑 대결 이후가 아닌가 생각합니다. 알고리즘은 프로그래밍할 때의 논리logic를 뜻하는 용어입니다. 프로그래머들에게야 일할 때 중요한 표현이지만 막상 누가 알고리즘이 무엇인지 물으면 답하기가 쉽지 않습니다. 논리야. 무슨? 함수야. 무슨? 설명하기 어렵습니다. 간단히 말해 '어떤 일을 수행하는 논리적 과정'이라면 알고리즘이 된다고 말할 수 있습니다. 그 과정 대부분이 함수라는 프로그래밍 방법을 이용해서 기능을 만들기 때문에 함수라고도 할 수 있겠죠. 물론 하나의 함수로 해결하기보다는 여러 함수를 이용하는 경우가 많습니다. 그런데 함수? 중·고등학교 때 배운 그 함수? 어느 정도는 맞지만 조금 의미가 다릅니다.

일단 함수가 무엇인지 이야기해 볼까요. 함수의 한자는 '함 함'函, '셀 수'數로, 직역하면 '셀 수 있는 함'이라는 뜻이지요. 어렵죠? 영어 표현이 훨씬 쉽습니다. '기능'을 뜻하는 단어 'function'입니다. '기능을 수행하는 상자'라는 뜻이 가장 가까워 보입니다. 예를 들어, 믹서기가 있다고 생각해 봅시다. 오렌지를 넣어 주스를 만들려고 해요. 이때 믹서기는 '기능을 수행하는 상자' 역할을 합니다. 함수식 $y=ax+b$를 믹서기에 대입하면, y(주스), x(오렌지), $ax+b$(믹서기)가 됩니다.

여기서는 믹서기를 일종의 함수라고 할 수 있겠죠. 수학에서 함수는 재료로 숫자를 많이 사용하지만, 프로그램 알고리즘으로 활용되는 함수에는 숫자 외에 글자 등 다양한 재료를 사용할 수 있습니다. 또 알고리즘이 수학의 함수와 다른 점은 한 알고리즘에 여러 가지 함수가 있을 수 있고, 함수 속에 함수가 있을 수 있다는 점입니다. 하지만 '기능을 수행하는 상자'라는 점은 변하지 않죠.

실제로 프로그래밍 코드로 만들어지는 함수는 영어 표현과 수학식을 이용한 문장으로 이루어집니다. 결국 알고리즘은 '어떤 기능을 수행하기 위해 기계가 이해할 수 있는 언어로 표현된 문장'이라고 할 수 있지요. 다음 60쪽에 나오는 그림은 100까지 더하는 프

```
#while문 예제 (1~100 합계 구하기)
Icnt = 1
sum=0
while(Icnt<=100):
      sum+=Icnt
      Icnt+=1
print("sum(1~100) is ",sum)
```


100까지 디하는 프로그래밍 사례.

로그램을 보여 줍니다. 그림 오른쪽은 실제 컴퓨터 화면에서 1부터 100까지 더한 값인 5050이 나타나는 걸 볼 수 있습니다.

알파고 이후 갑자기 프로그래밍 열풍이 불어 초등학교에서도 컴퓨터 프로그램 수업을 하기도 합니다. 물론 AI 시대가 되면서 프로그래밍을 할 분야가 넓어진 것은 사실입니다. 다만 중요한 내용을 빼놓은 것 같습니다. 영화를 예로 들어볼까요. 영화를 본 후 사람들은 주로 배우와 감독을 기억합니다. 하지만 수많은 스태프가 없다면 영화를 만들기 힘들었을 것입니다. 촬영감독도 있어야 하고 시나리오 작가도 있어야 합니다. 실제 AI 프로그램을 만드는 데도 알고리즘이라는 스타 외에 다양한 분야의 전문가가 필요합니다. 그중에서도 가장 중요한 역할로 데이터 전문가를 꼽을 수 있습니다. 프로그래머가 직접 데이터 분석을 하는 경우도 있지만, 대부분의 프로그래머는 프로그램 설계와 프로그래밍 기술을 터득하느라 데이터 분석을 함께 하기 힘들기 때문입니다.

빅데이터 시대에 꼭 필요한 데이터 전문가

데이터 전문가는 어떤 역할을 할까요? 앞에서 말한 패턴 분석이 데이터 전문가의 일 중 하나입니다. 그런데 패턴 분석은 아무 목적 없이 만들어질까요? 대부분 어떤 목적을 두고 데이터의 패턴을 만들게 됩니다. 예를 들어, '10대 남성을 위한 색조 화장품'을 개발했다고 가정해 봅시다. 웹사이트 개발자는 이 상품을 판매하기 위해 '10대 남성'과 '색조 화장을 좋아하는 사람'을 위한 프로그램을 짜야 합니다. 이제 목적이 생겼지요. 그러면 데이터 분석가는 웹사이트에서 10대를 추출할 수 있는 데이터를 뽑아내야 합니다. 또 '색조 화장을 즐기는 10대'를 찾기 위해 10대에 관한 데이터 패턴을 분석해야 합니다.

웹사이트의 상품 검색창에서 '남성 화장품'과 '색조 화장품', '여드름 상품'을 함께 검색하는 사람이 '10대 남성 색조 화장품'을 선택할 가능성도 높다고 분석할 수 있어요. 그런데 이렇게 만든 패턴으로는 부족할 수 있습니다. 그때 데이터 전문가는 원인을 분석해

데이터 분석가(data analyst)

자신이 속한 사업 분야를 잘 알고, 다양한 데이터 패턴을 만들 수 있는 사람. 실제 업무 협력도 잘해야 한다.

다시 패턴을 수정해야 합니다. 오프라인 매장에 가서 10대 남성들의 구매 데이터를 조사·축적해 '10대 남성 색조 화장품' 선택 패턴을 보강하여 구성할 수 있겠지요.

데이터 전문가가 패턴을 분석하면 프로그래머는 그 패턴에 맞는 사용자를 찾아서 새로 개발한 상품을 추천하는 알고리즘을 짜게 됩니다. 서로 전문적인 역할이 구분되는 것이지요. 그런데 이런 상품 말고 이용자의 심리를 분석해 AI로 상담해 주는 서비스를 만들어 주지 않으면 데이터 전문가의 역할은 훨씬 중요해집니다. 데이터 전문가가 데이터의 패턴과 결과값의 연결 관계를 만들어 주지 않으면 프로그래머는 프로그램을 한 줄도 짤 수 없습니다.

AI 시대가 열리면서 상품 쇼핑몰보다도 훨씬 다양한 서비스가 제공되고 있습니다. 이제 프로그래머는 한 번도 다루어 보지 않은 분야를 개발해야 할 수도 있습니다. 이때 해당하는 분야의 데이터 전문가가 필요합니다. 데이터 과학자 또는 데이터 분석가의 역할이 필요하게 되는 것이죠.

다시 알고리즘으로 돌아가 보죠. 데이터 분석가가 데이터의 패

데이터 과학자(data scientist)
분야에 제한되지 않고 다양한 종류의 데이터를 총체적으로 통찰할 수 있는 능력을 갖추어야 한다.

 지속가능한 세상을 위한 데이터 이야기

턴과 목적만 줄까요? 아닙니다. 사실은 처리 방법도 함께 알려 주게 됩니다. 이는 알고리즘을 풀어 쓴 일종의 문장 형태가 되겠지요. 프로그래머는 문장 형태의 알고리즘을 컴퓨터 언어 형태로 가공하게 됩니다. 알고리즘이 프로그래머만의 고유 영역이 아니라는 이야기입니다.

정리해 보면, 빅데이터나 AI에는 협업이 필요합니다. 그런데 프로그래밍만 하면 AI 시대에 맞춰 걸어갈 수 있다는 생각이 많은 것 같습니다. AI라는 새로운 기술 환경이 펼쳐지고 있기 때문에 당분간 데이터 프로그래머가 더 많이 필요할 것입니다. 궁극적으로는 다양한 분야의 데이터 관련 전문가가 필요하게 되겠지요. 데이터 전문가가 되려면, 그 분야의 지식을 쌓는 것은 물론 풍부한 정보를 가지고 있어야 합니다. 수학이나 함수를 잘 다루지 못한다고 생각하는 사람도 자기에게 맞는 역할을 찾아 미래 시대의 일자리와 역할을 만들어 갈 수 있습니다.

★ 함께 읽어 보세요.

박준석 외 지음, 《데이터 과학자의 일》, 휴머니스트, 2021.
브라이언 크리스천·톰 그리피스 지음, 《알고리즘, 인생을 계산하다》, 이한음 옮김, 청림출판, 2018.
존 맥코믹 지음, 《미래를 바꾼 아홉 가지 알고리즘》, 민병교 옮김, 에이콘출판, 2013.

04
정보 알고리즘 vs 데이터 알고리즘

앞에서 정보와 데이터의 다른 특징을 살펴보았습니다. IT 시대와 빅데이터 시대가 열리면서 프로그램도 변화하고 있죠. 어떻게 다른지 간단히 살펴보겠습니다. 둘 다 결과물로 정보가 나오지만, 데이터를 이용한 정보는 훨씬 구체적입니다. 예를 들어 볼까요.

고혈압 환자에 관한 의료 정보를 다룬다고 생각해 봅시다. IT에서 정보를 모아 제공합니다. '이런 증상이 있으면 고혈압일 수 있다' 또는 '고혈압에 안 좋은 음식' 등이 되겠지요. 빅데이터에서는 많은 데이터를 모아 정보를 생성합니다. 매일 혈압을 잰 데이터를 바탕으로 '오늘 혈압을 보니 의사를 방문해 새로운 약을 처방받아야 합니다' '사흘 전에는 혈압이 낮았는데 오늘은 높아졌습니다.

사흘 전에 먹었던 음식과 했던 운동을 참고하세요' 또는 어떤 음식을 검색하면 '콜레스테롤 함량이 높아 안 먹는 것이 좋습니다'라고 알려 줄 것입니다.

　정보의 대표 격인 뉴스를 가지고 포털 사이트의 알고리즘을 비교해 볼까요. 뉴스에는 정보가 담겨 있지만, 정치적 편향에 따라 해당 뉴스에 대해 좋거나 싫은 경우가 생깁니다. 처음에는 포털 사이트 메인 화면에 노출하는 뉴스를 선정하는 팀이 따로 있었습니다. 정보의 가치를 포털 회사에서 일하는 담당자들이 평가하는 방식이죠. 모든 뉴스를 메인 화면에 보여 줄 수 없으니 가치 있는 정보를 골라서 보여 줍니다. IT 시대의 알고리즘에는 뉴스 기사의 가치를 평가하는 방법이 따로 없으므로, 정보의 가치를 사람이 평가하게 된 것입니다. 그런데 누군가가 뉴스를 골라 준다는 것에 동의하지 않는 사람도 많습니다. 결국 큰 영향력을 가진 네이버naver.com 메인 화면 뉴스의 편파성이 계속 문제가 되자 네이버는 특단의 조치를 취합니다. 아예 메인 화면에서 뉴스 목록을 없애 버린 것이죠. 사용자가 언론사를 선택해 들어갈 수 있도록 메인 화면에는 언론사 목록만 보이게 했습니다.

　빅데이터 시대의 알고리즘은 새로운 모습을 보입니다. 뉴스를 데이터를 통해 평가하게 됩니다. 뉴스에는 여러 가지 데이터가 있지요. 해당 언론사에 대한 이용자의 클릭률, 해당 기사의 클릭률,

해당 기사를 읽은 시간, 다른 기사와의 차별성 등을 분석해 해당 기사를 평가합니다. 이제 포털에서는 자체 AI 알고리즘을 통해 기사를 메인 화면에 보이게 하기 때문에 문제가 없다고 이야기합니다. 하지만 여전히 문제가 있다고 생각하는 사람들은 알고리즘을 공개하라고 요구합니다. 물론 포털에서는 절대 안 된다고 하지요.

이유는 명확합니다. 애초에 기사에 관한 평가가 이용자의 주관적인 정치적 성향에 따라 달라서 알고리즘이 그 부분을 완벽하게 처리하기 힘들기 때문입니다. 또 데이터를 분석하는 알고리즘이 공개되면, 기준이 되는 데이터값에 관한 중요도도 공개해야 합니다. 또 다른 편파성 문제가 생깁니다. 그 중요도가 보수적이고 돈이 많은 언론사에 유리한 기사를 중심으로 하는 경우가 있거나, 내

포털의 AI 뉴스 추천·편집
* 괄호 안은 서비스 시기.

회사	**NAVER**	kakao	Google
뉴스 서비스	네이버 뉴스	다음 뉴스	구글 뉴스
AI 뉴스 서비스명	에어스 (2017년 2월)	별도 이름 없음 (2022년 1월)	별도 이름 없음 (2018년 5월)
특징	언론사 자체 화면 편집, 실시간으로 사용자의 선호도 예측, 자동화 방식의 뉴스 품질 측정, 시의 적절한 주요 이슈 감지	구독서비스 형태로 변경 (외부 언론사로 링크)	맞춤형 뉴스 추천, 실시간으로 뉴스를 분석해서 스토리라인으로 제공

용과 다른 미끼 기사를 걸러 주는 알고리즘이 없다면 새로운 문제가 되겠지요.

진화하는 알고리즘

포털들의 뉴스 메인 화면 알고리즘이 어느 한순간에 IT 알고리즘에서 빅데이터 알고리즘으로 바뀌지는 않았을 겁니다. 계속 연구하고 개발했을 것입니다. 다만 두 가지 알고리즘이 보여 주는 결과물은 상당히 다르다는 것을 알 수 있습니다. 빅데이터 알고리즘은 정보의 가치 평가 혹은 정보를 더 세분해 평가할 수 있다는 점이 가장 큰 특징으로 보입니다. 여기서 데이터의 종류와 수는 제한 없이 계속 늘어날 것입니다. 그래서 IT 알고리즘에 비해 데이터를 처리하는 알고리즘은 훨씬 복잡해집니다.

정보는 그 자체로 평가할 수 있지만, 데이터 각각은 아무 의미를 가지지 못할 수 있습니다. 예를 들어, 뉴스에 대한 클릭 수 데이터를 생각해 보세요. 이 클릭 수가 그 뉴스에 대해 좋다는 것인지, 화가 나서 클릭한 것인지, 제목 낚시에 걸린 것인지를 알려 주지는 않습니다.

그래서 빅데이터 알고리즘은 또 다른 데이터와 결합해 평가를 하게 됩니다. 뉴스를 본 시간, 이모티콘 반응, 댓글 성향 등을 결합하여 가치를 평가하는 것이지요. 문제는 여기서 조합의 수가 많아지게 되는 것인데요. 각각을 숫자값으로 바꾸는 문제, 더할 것인지 곱할 것인지의 문제, 각각의 값에 가중치를 둘 것인지 등 계속해서 복잡해집니다.

알고리즘이 더 복잡해지고 정교해져 가면서 원래 개발자나 기획자 등이 결과를 직관적으로 예측하기 힘들어지는 문제가 생기기도 합니다. 어쨌든 사람이 하던 일을 컴퓨터 알고리즘이 대신하는 '큰 변화'가 데이터 알고리즘에서 시작된 것은 분명합니다. 다른 한편 미디어를 바로 이해하는 미디어 리터러시가 갈수록 중요해지고 있습니다.

> **미디어 리터러시(media literacy)**
> '미디어'와 '리터러시'의 합성어로, 미디어에 접근할 수 있고, 미디어의 작동 원리를 이해하며, 미디어를 비판하는 역량을 넘어 미디어를 적절하게 생산하고 활용할 수 있는 능력.

★ 함께 읽어 보세요.
마크 안드레예비치 지음, 《미디어 알고리즘의 욕망》, 이희은 옮김, 컬처룩, 2021.

05
빅데이터와 AI

알파고의 상위 버전인 '알파고제로'AlphaGoZero는 인간의 바둑 지식으로는 이해하기 힘든 50개국의 프로그램끼리의 대국(바둑 경기) 기보(바둑 대국 기록)를 공개하고 2017년 5월에 은퇴했습니다. 중국은 매년 세계 AI 바둑대회를 개최합니다. 2019년 대회에서는 중국의 쥐에이絶藝, FineArt가 1등, 한국의 한돌HanDol이 3등을 했습니다. 이제 웬만한 AI 바둑 프로그램은 최정상급 프로 기사를 충분히 이길 수 있습니다. 1990년대에 나왔던 PC용 바둑 대국 프로그램들이 아마추어 3단 정도였던 것에 비하면 천지가 개벽할 수준의 변화입니다.

AI와 인간의 대결에서 AI의 승리를 보여 준 알파고의 충격은

한 번의 사건이 아니라 큰 변화의 흐름을 형성합니다. 그런데 AI의 첫 사례가 체스와 바둑에서 탄생한 이유는 무엇일까요? 컴퓨터가 이런 게임들을 처리하기 편한 세 가지 이유가 있습니다. 그것은 바로 데이터, 모의실험, 병렬처리입니다.

AI가 좋아하는 데이터

데이터 측면에서 보면 체스와 바둑은 양이 많고, 패턴이 쉽고, 숫자화하기 쉽습니다. 바둑은 수천 년 전의 기보가 있는 경우도 있습니다. 처음에 알파고는 수많은 프로 기사의 대국을 바탕으로 알고리즘을 개발했습니다. 또 체스나 바둑은 컴퓨터가 다루기 쉬운 숫자로 데이터를 표현할 수 있습니다. 바둑의 경우 19X19줄로 구성되어 있고, 컴퓨터는 바둑돌이 놓인 위치를 '5,10'과 같은 단순한 숫자 조합으로 인식해 데이터를 처리할 수 있습니다.

그런데 데이터가 너무 많지요. 바둑에서 경우의 수는 10의 17승 이상으로 다양합니다. 역사가 오래되고 많은 사람이 두어 왔지만, 모든 경우의 바둑을 두지 못할 양입니다. 그래서 알파고와 같은 바둑 AI 프로그램은 프로 기사가 둔 기보처럼 의미가 있는 기보에서 패턴을 찾아 알고리즘으로 바꾸어 갑니다. 그다음 같은 AI 프로그램끼리 바둑을 두면서 새로운 데이터 패턴을 만들어 가고 있습니다. 앞에서 설명한 '메타데이터'를 프로그램이 스스로 만들어 가고 있다고 할 수 있습니다.

모의실험, 즉 시뮬레이션simulation이 용이한 것도 이런 게임들의 특징입니다. 빅데이터를 처리할 수 있다고 해서 모든 프로그램이 시뮬레이션이 가능한 것은 아닙니다. 그런데 체스나 바둑은 가능하죠. 두 게임은 언젠가는 끝나는 '닫힌 게임'입니다. 비기는 경우를 제외하면 더 이상 둘 수 없는 경우가 반드시 생깁니다.

닫힌 게임이라는 부분은 두 가지 측면에서 프로그램이 좋아하는 구조입니다. 하나는 게임이 언젠가는 끝난다는 점이고, 또 하나는 끝까지 다 진행된 상태를 가정해서 게임이 진행될 때마다 승률을 계산할 수 있다는 것입니다. 바둑의 경우는 착수(바둑돌을 놓음)할 때마다 집수를 계산하고 승률을 계산할 수 있습니다. 요즘 AI 바둑 프로그램들은 이 정보를 일반 이용자들에게 제공하고 있습니다.

반면에 기후나 사람의 감정 등 데이터가 만들어진 순간에도 계속 새로운 데이터가 만들어지는 열린 데이터는 어떨까요? 계속 변화하는 데이터를 반영하는 과정이 있기 때문에 예측은 대부분 확률로 나타내게 됩니다. 그래서 슈퍼컴퓨터가 기후를 예측함에도 종종 틀릴 수가 있는 것입니다. 조울증이 있는 사람의 감정은 어느 날은 행복하고(조증) 어느 날은 우울합니다(우울증). 데이터가 쌓이고 알고리즘을 개선해 간다고 해도 끝이 없는 시뮬레이션을 해야 할 가능성이 있습니다.

세 번째는 병렬처리입니다. 병렬처리는 두 개 이상의 컴퓨터를 연결해서 처리하는 시스템을 말합니다. 알파고를 이야기할 때, 화려한 알고리즘 말고 이 부분을 이야기하는 경우는 드뭅니다. 바둑을 놓고 보면, AI 입장에서는 알고리즘보다 병렬처리가 큰 장점이 될 수 있습니다. 수많은 컴퓨터가 연결된 상황을 생각해 보세요. 프로 기사는 한 수를 둘 때마다 혼자서 몇 가지 가능한 수를 머리로 계산하는데 그치지만, 병렬로 연결된 컴퓨터는 한 수를 둘 때 동시에 프로 기사보다 훨씬 많은 가짓수를 두어 볼 수 있습니다. 아무리 천재적인 프로 기사라고 해도 주어진 시간에 열 수 이후를 미리 두어 보기는 힘듭니다. 경우의 수가 수천 가지가 넘기 때문이죠.

프로 기사가 A, B, C수를 생각한다고 가정해 보세요. AI에 연결된 각각의 컴퓨터는 각각의 선수라고 할 수 있습니다. 컴퓨터 1은 A수부터, 컴퓨터 2는 B수부터⋯ 그리고 진행 과정에서 또 다른 판단이 필요하면 컴퓨터 1은 컴퓨터 11에게 어려운 상황의 다음 수부터 두어 보게 하는 거죠. 대국이 진행되는 상황에서 둘 수 있는 수는 아주 많습니다. 그래서 프로 기사와 컴퓨터 모두 경우의 수를 많이 생각해 볼 수 있지만, 컴퓨터가 그 진행 과정마다 다음 수를 진행할 또 다른 컴퓨터와 연결되어 있다면 프로 기사가 절대 이길 수 없겠지요.

 ·········· 지속가능한 세상을 위한 데이터 이야기

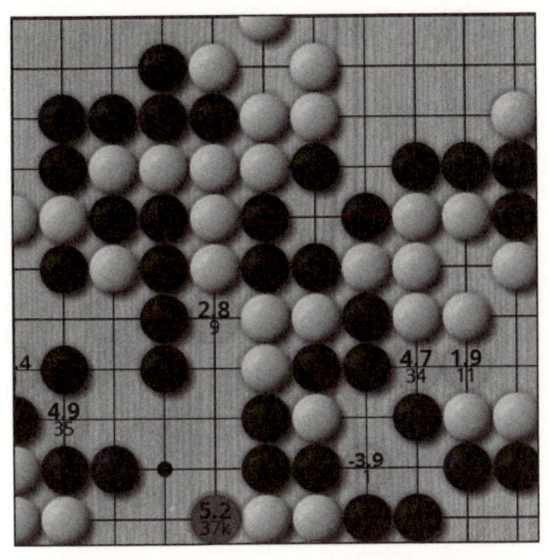

AI 바둑 프로그램 화면.
승률과 집수 등을 계산해 화면에 보여 준다.

지금 개발된 AI 바둑 프로그램들은 이럴 필요조차 없습니다. 개발 과정을 통해 획득한 승리 패턴을 데이터로만 저장하지 않고 프로그램으로 알고리즘화했을 테니까요. 다만 여전히 이런 차이는 유효합니다. '한돌'을 개발한 NHN 대표가 한국 프로그램이 중국 AI 바둑 프로그램에 지는 이유를 "알고리즘에는 차이가 없지만, 300억 대의 서버 비용을 쓰며 AI간 대국을 진행하는 양의 차이"라고 한 것 말입니다.

바둑과는 다른 스타크래프트

　AI의 실험 대상으로 바둑이 적절했던 세 가지 이유를 살펴보았습니다. 1990-2000년대 PC용 바둑 대국 프로그램의 실패를 보면서 가졌던 '프로그램은 인간을 절대 이길 수 없을 것'이라는 '신화'는 깨졌습니다. 지금 우리가 가진 AI에 관한 선입견도 언제든 틀릴 수 있게 되었습니다. 그렇다고 갑자기 AI가 인간을 지배할 거라는 식의 두려움 또한 상당히 과장된 것이라고 생각합니다. 알파고를 만든 회사 딥마인드는 스타크래프트 같은 전략 시뮬레이션 게임에서는 아직 인간을 이기지 못하고 있습니다. 기존의 강화학습 프로그램으로는 스타크래프트에서 프로 게이머를 완전히 능가하지 못하고 있습니다.

　알파고제로처럼 AI끼리 대결하는 셀프 플레이를 진행시키면 이전에 프로 기사와 했던 게임과는 전혀 다른 상황이 될 수 있습

강화학습(reinforcement learning)

머신러닝의 일종으로 컴퓨터 시스템이 주어진 상태에서 최적의 행동을 선택하는 학습 방법. AI가 체스나 바둑을 둘 때 게임이 종료된 후 직전에 둔 수가 최적이었는지 학습하는 경우가 강화학습의 대표적 예시다.

니다. 바둑에서 아마추어 기사가 프로 기사를 이기는 방법이 있습니다. 먼저 수를 둔 하수가 그다음 수부터 고수와 똑같이 두는 것입니다. 그러면 처음 둔 바둑돌만큼 이득이 되겠지요. 스타크래프트 AI도 상호 간 게임에서 이런 모습을 보였다고 합니다. 물론 계속해서 성능이 개선되고 있지만, 바둑과 같은 보드게임이라는 닫힌 공간과 달리 아직은 약간이라도 열린 새로운 게임 공간에서는 완전한 해결책을 보이지 못하는 것으로 해석할 수 있습니다.

'인간을 넘어서는' AI가 가능한지는 쉽게 판단하기 힘듭니다. 그러나 알파고는 핵심적인 빅데이터 처리 기술과 이에 관한 알고리즘의 발전을 가져왔습니다. 알파고는 은퇴했지만, 중국이 후발 주자로 막대한 돈을 투자해 AI 바둑을 개발하는 이유도 관련 기술을 축적하기 위해서라고 합니다. 이렇게 개발된 기술들은 사물인터넷IoT, 자율주행차, 3D 등의 발전에 연결되고 있습니다. 이 외에도 모든 분야에 빅데이터 기술이 접목되어 발전하고 있습니다.

AI는 데이터를 다루는 기술에서 시작되기 때문에 잘 알려지지 않은 분야에서도 빅데이터 기술을 활용하여 성공할 가능성이 높습니다. 데이터를 넓은 시야로 볼 필요가 있다는 말이지요. 어느 날 갑자기 AI가 발전한 것이 아니기 때문에, 데이터가 우리의 학문과 기술에 영향을 미친 과정을 살펴보는 것은 도움이 될 것입니다. 하지만 AI가 인간을 넘어서는 순간이 온다는 가설은 현실에서 보면 아직 먼 미래에나 가능할 일입니다.

★ 함께 읽어 보세요.

오츠키 토모시 지음, 《알파고를 분석하며 배우는 인공지능》, 정인식 옮김, 제이펍, 2019.

3장

우리 생활 속 데이터는 어떤 모습일까?

01

데이터 씨와 함께하는 하루

모두 잠이 든 시간이지만 데이터 씨는 열심히 일하고 있습니다. 지금 잠을 자고 있는 주인을 위해 심박수를 재고 있는 거죠. 따로 센서를 달지는 않았습니다. 한국 올림픽 양궁팀에서 선수들의 심박수를 세는 방식과 같이 카메라 넉 대를 통해 몸의 미세 변화를 측정하는 기술을 사용합니다. 심박수는 휴식할 때 분당 60-100회^{bpm}가 정상입니다. 이 범위를 벗어나면 응급 전화를 해야 합니다.

아침이 가까워져 올수록 데이터 씨는 더 바빠집니다. AI 스피커를 이용해 주인에게 깨어나야 할 시간을 알려 줘야 하기 때문이죠. 날씨 데이터도 확인해야 하고, 아침에 나갈 때 입어야 할 복장에 관한 정보도 제공해야 합니다. 미리 정한 기상 음악으로 깨우지만, 3분이 지나도 안 일어나면 "일어나~ 일어나~ 안 일어나면 계속 시끄럽게 떠들 거야!"라고 경고도 해야 합니다.

주인이 화장실에 가서 좌변기에 앉으면 엉덩이 주변의 혈관을 통해 혈압을 재고, 오줌과 변을 통해 병이 있는지 검사해 정보를 알려 줍니다. "어제 단 걸 많이 먹었나요? 당 수치가 높습니다. 물을 많이 마시고 운동을 많이 하는 게 좋습니다."

집에서 벗어났다는 위치가 감지되면 평소 타는 교통수단의 시간과 빈자리 수를 알려 줍니다. 걷는 동안 걸음 수를 재고 걷는 자세와 보폭을 계산합니다. 교통수단에 승차한 후 오디오북을 꺼내면, 이전에 듣다 중단한 오디오북을 실행합니다. 오디오북이 끝나거나 주인이 종료하면 인기도와 적합도, 주인이 먼저 설정한 순으로 추천 오디오북을 검색해 목록을 알려 줍니다. 주인이 오디오북을 듣다가 내용 중에 나오는 단어를 선택하면 해당하는 설명을 들려주지요. 내릴 때가 되어 오디오북을 종료하면 그때까지의 오디오북 위치를 기록해 둡니다.

회사(학교)에 가까워지면 미리 등록해 둔 동료(친구)들과 나와의 거리를 알려 줍니다. 주인은 조금 기다렸다가 동료(친구)와 만나 반갑게 인사하며 같이 걷습니다. 오전에 계획된 회의(수업)는 메타버스를 이용합니다.

회의(학습) 참가자들은 의견을 다양하게 냅니다. "색을 이렇게 바꿔 보면 어떨까요?" 등등 참가자들의 의견이 나올 때마다 바로 색을 확인할 수 있어서 쉽게 결론을 합의할 수 있습니다. 진행 내용은 모두 녹음되어 글로 변환됩니다. 필요한 경우 주인이 메모할 수 있는 기능도 지원합니다. 업무(학습) 중 떠오른 아이디어는 포스트잇 앱에 저장할 수 있고, 그러면 읽어야 할 관련 콘텐츠도 검색해서 안내해 줍니다. 검색 결과 나온 목록에서 주인이 선택을 하면 나중에 보거나 콘텐츠 상품을 주문할 수 있도록 '나만의 검색 목록'에 저장합니다.

주인은 팀을 꾸려 업무(학습)를 프로젝트로 진행합니다. 프로젝트로 진행되기 때문에 여러 사람이 함께 작업한 결과물을 저장하는 공간(클라우드)을 두고 있습니다. 주인은 필요할 때 그 정보와 데이터를 검색해서 불러옵니다. 데이터 씨는 처음 설정한 목표

대비 진행 결과 통계를 분석해서 보여 줄 준비를 해 둡니다. 일정한 업무 시간이 지나면 휴식을 권고합니다. 주인의 몸 상태에 따라 적절한 휴식 방법을 제안합니다. 중요한 업무 중 차단한 메일이나 SNS 메시지는 주인이 원할 때 미리 설정한 알림이나 중요도 순으로 제공합니다.

이제 집으로 가야 할 시간입니다. 주인이 원하는 메뉴를 선택하면, 관련 음식 재료와 현재 냉장고에 있는 재료를 보여 줍니다. 필요한 요리 재료는 시간 맞춤 배송으로 주문합니다. 집에 가까워지면 사물인터넷을 이용해 실내온도를 미리 설정합니다.

집에 도착해 택배 물품을 챙겨 쾌적한 실내로 들어가 저녁을 먹으면 휴식 시간이 됩니다. 넷플릭스 같은 OTT에서 추천 목록을 알려 줍니다. 잠들기 전에는 그날의 활동 통계를 볼 수 있습니다. 걸음 수, 독서량, 프로젝트 진행 상황 등을 보여 주며 내일을 계획할 수 있게 돕습니다.

주말이면 주인은 산에 갑니다. 산에 가기 전에 미리 설정한 지도에 맞춰 안내를 합니다. 경로에서 3m 이상 벗어나면 주의를 줍니다. 고도, 높이, 앞으로 남은 거리, 시간 등의 정보도 제공합니다. 그날의 운동량과 소모 열량도 알려 줍니다. 항상 깨어 있어야 하는 데이터 씨는 피곤하기도 하지만, 자신만큼이나 디지털에 중독되어 가는 주인이 안타깝습니다.

하루 동안 쌓이는 데이터

정보보다는 주로 데이터가 사용되는 부분을 중심으로 일과를 구성해 한 가상 인물의 하루를 살펴보았습니다. 실제로는 이보다

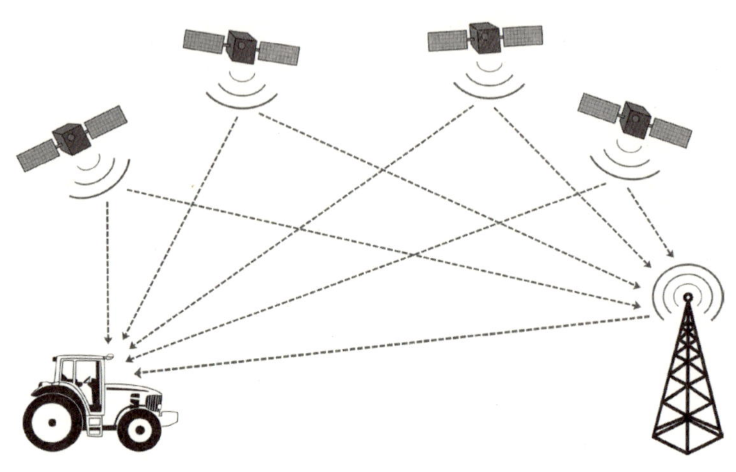

GPS 측위의 원리.

훨씬 일도 많고 복잡할 거예요. 여기서 사용된 데이터들 중 중요한 것만 다섯 가지로 나눠 살펴보겠습니다. 위치 데이터, 콘텐츠 데이터, 개인 데이터, 활동 데이터, 센서 데이터입니다.

개인 데이터는 개인의 정보입니다. 위의 글에서는 잘 안 나타났지만 나이, 성별, 구매 유형 등 개인의 고유한 데이터들을 말합니다. 콘텐츠 데이터는 오디오북이나 음악 등 콘텐츠와 관련된 데이터입니다. 활동 데이터는 걸음이나 프로젝트의 결과물 등의 데이터를 말합니다. 센서 데이터는 심박수, 오줌과 변의 상태를 측정하는 센서로부터 오는 데이터를 말합니다. 그리고 가장 중요한 것이 위치 데이터입니다. 모든 앱이 사용 동의를 구할 때 항상 '위치 정보 동의'를 구하는 만큼 아주 중요한 데이터입니다.

위치 데이터는 GPS Global Positioning System 를 이용합니다. 버스의 도착 시간, 걸음걸이 수, 친구 찾기, 사물인터넷 등 모든 데이터 서비스에서 필수적인 기능입니다. 위치를 알지 못하면 휴대전화로 통화를 하려고 해도 연결이 되지 않습니다.

GPS는 인공위성을 이용합니다. 인공위성으로 어떻게 위치를 알 수 있을까요? 정확하게 측정하기 위해서는 인공위성 네 대가 필요합니다. 각 위성에서 정확한 시각과 위성의 위치를 지상의 수신기로 보내 주는데, 각 위성에서 보낸 시간과 수신기가 받는 시간에 차이가 생깁니다. 이때 둘의 차이에 전파의 속도를 곱하면 지상 수신기에서 인공위성까지의 거리를 구할 수 있습니다. 이렇게 구한 위치 데이터야말로 어떻게 보면 모바일을 중심으로 한 빅데이터 서비스에서 시작과 끝이라고도 할 수 있습니다.

★ 함께 읽어 보세요.

박준석 외 지음, 《데이터 과학자의 일》, 휴머니스트, 2021.

02
의학과의 만남

모든 사람은 행복을 추구합니다. 우리 조상들은 이런 행복의 기준을 다섯 가지로 두었는데, 이를 흔히 오복五福이라고 합니다. '장수-부(재산)-건강-덕德-평안한 죽음'이 오복입니다. 다섯 가지 중 세 가지가 건강과 관련되어 있습니다.

현대는 고령 사회라고 할 만큼 장수하는 세상이고, 각종 질병에 대한 예방책도 잘 마련되어 있습니다. 조선 시대에는 왕들도 종기로 인해 고생하거나 죽기까지 했습니다. 그때와 비교해 보면 지금 의료 기술이 얼마나 발전했는지 잘 알 수 있습니다. 그런데도 의료에 관한 국민의 신뢰도는 여전히 낮은 편입니다. 2016년 〈의료정책연구〉에서 한 설문 연구에 따르면, '의료 과실·사고로 피해를 입지 않을 것'에 관한 신뢰도는 50%가 채 안 됩니다. 시장조사 전문 기업 엠브레인트렌드모니터에 따르면 병원에 방문하기 전 병에 관한 정보를 스스로 찾아보는 비율이 60%나 된다고 합니다. 왜 그럴까요?

지금은 병원의 오진(진단 오류)율이 외부로 거의 발표되지 않지만, 과거에는 서울대학교병원조차 오진율이 50%에 가까웠던 때도 있었습니다. 소비자보호원에 접수된 암 관련 의료 분쟁(주로 사망)을 보면 오진율이 50%를 넘습니다. 엑스레이, 초음파, CT(컴퓨터단층촬영), MRI(자기공명영상) 등 다양한 고가 장비들이 개발되어 사용되고 있음에도 말이지요. 하나의 질병은 유전, 관련 질환, 복용 중인 약 등 많은 요인이 결합되어 나타난다고 합니다. 그러니 아무리 똑똑한 의사와 고가의 기술 장비가 있어도 모든 의료 관련 정보를 정확하게 파악하기가 쉽지 않습니다.

미국 드라마 〈굿 닥터〉를 보면, 개복(환자의 배를 가르는 의료 행위)을 했을 때 CT를 보고 예상한 상황과 다른 경우가 종종 나옵니다. 아무리 훌륭한 의사라고 해도 사람마다 다른 모든 질병 상태를 다 알기는 힘들다는 이야기입니다. 개인의 유전 질환, 가족 병 내역, 약 복용 기록, 앓았던 질병의 세부 내역 등을 의사에게 제공한다면 보다 정확하게 진단할 수 있을 것입니다. 또 질병 치료 후 그 결과를 예측하는 데이터 통계 등이 있다면 불필요한 검사를 줄이면서 바른 치료의 첫 단계를 시작할 수 있을 것입니다.

《헬로 데이터 과학》이라는 책에는 질병 진단 및 치료에서 데이터가 어떤 역할을 하는지 보여 주는 사례가 나옵니다. 미국 워싱턴 대학교 치과 교수 마크 드랭숄트는 평상시 운동을 꾸준히 했지만 중년이 되어 비만과 콜레스테롤 수치 등에서 이상이 나타납니다. 그는 의사와 상담을 하고 직접 자신의 데이터를 수집하여 분석했습니다. 2008년에는 심장에 이상이 생겼고, 심장 발작이 일어날 때마다 데이터를 기록했습니다. 그는 그 데이터를 바탕으로 자신의 병의 유형을 알아냈고, 격렬한 운동 및 카페인 섭취와 관계가 깊다는 것을 알아냈습니다. 덕분에 그는 큰 수술 대신 간단한 절제 시술로 증상을 개선할 수 있었습니다.

2013년에 마크 드랭숄트는 치매와 비슷한 증상을 겪게 됩니다. 그는 자처해서 유전자 검사를 했고, 결과에 따라 식단을 바꾸고 원인이 되었던 콜레스테롤 수치를 낮추는 약을 복용했습니다. 몇 달 후 인지 능력이 예전 수준으로 돌아왔습니다. 이 사례는 개인별 의료 데이터가 진단·치료·회복의 과정에서 어떤 역할을 하는지 잘 보여 줍니다.

 ········· 지속가능한 세상을 위한 데이터 이야기

로봇이 수술을 도와준다고?

수술 과정에 필요한 진단·치료 기구가 많이 발달하고 있지만, 그것이 실제 수술 성공률을 얼마나 높여 주었는지는 명확하지 않습니다. 의학 드라마를 통해서 살펴볼까요? 수술 과정의 어려움이나 실수를 보여 주는 의학 드라마는 별로 없지만, 〈굿 닥터〉를 보면 환자와의 만남 등 일반적인 진료 절차에 따라 치료하려던 계획이 틀어지는 사례가 비교적 많이 등장합니다. 자폐증이 있는 외과 의사인 주인공을 눈에 띄게 하려는 목적이 있었겠지만, 중요한 것은 주인공의 자폐증이 질병의 진정한 원인과 치료 방법을 찾는 데 탁월한 능력을 보인다는 것이지요. 자폐증을 가진 사람이 특정 분야에서 보통 사람을 넘어서는 집중력을 발휘해 긍정적 역할을 한다는 구성입니다. 주인공인 의사가 가진 능력은 AI 의료 시스템이 제공할 수 있습니다.

의사들의 콘퍼런스가 많은 이유는 새로운 임상 사례들 때문이

콘퍼런스(conference)

공통의 전문적인 주제를 가지고 비교적 긴 시간에 걸쳐 열리는 대규모 회의.

아닌가 싶습니다. 국내 드라마 〈슬기로운 의사생활〉에서도 수술 전에 의사들이 공부하는 장면이 나옵니다. 명의라고 알려진 의사들인데도 그렇지요. 의사들은 수술할 때 돋보기 기능을 가진 안경을 씁니다. 그 안경에 VR(가상현실) 기술을 구현한다면, 예상과 다른 상태 혹은 수술 과정을 시뮬레이션해 볼 수 있어 수술 성공률을 높일 수도 있을 것 같습니다.

미래의 일처럼 이야기했지만 사실 특정한 분야, 특히 수술 로봇은 이미 의료 현장에서 꽤 많이 활용되고 있습니다. 가천대학교 길병원 정형외과에서는 AI 로봇 '나비오'Navio를 활용한 무릎 인공관절 치환술에 성공했고, 연세대학교 세브란스병원 이식외과는

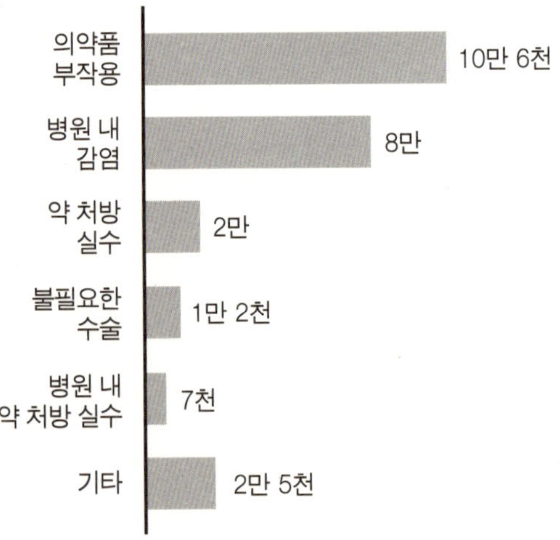

'다빈치'를 이용해 신장 이식 수술에 성공했습니다. 한 기술 개발 회사는 '뇌 수술용 의료 로봇'으로 식약처에서 제작 허가를 받았습니다. 이와 관련해 연세대학교 의과대학 전우택(의학교육과) 교수는 "미래의 의사 집단은 인공지능에 새로운 정보를 입력하는 의사와 인공지능의 지시대로 진료하는 의사로 나뉠 것이다"라는 의미심장한 이야기를 했습니다.

로봇 수술은 일부 성공 사례가 나오는 상태고, 의사 교육 시스템은 이제 시작되었다고 합니다. 치료에는 수술만 있는 것은 아니지요. 치료 과정의 오류는 90쪽 도표와 같이 다양하게 나타납니다. 일반인이 잘 알 수 없는 약들은 부작용 등으로 사망에까지 이르게 할 수 있습니다. 약의 성분과 효용, 위험성에 대한 정보를 쉽게 제공할 수 있다면, 부작용을 최소화할 수 있을 것 같습니다.

병원 방문이나 의사와의 만남에도 새로운 변화가 가능합니다.

나이가 들어 여러 만성질환이 생기면 매주 세 군데 이상 병원을 다녀야 하는 불편을 겪곤 합니다. 이때 특히 병원과 거리가 먼 지역에 살거나 몸이 불편한 사람들을 위해 원격 진료를 생각할 수 있습니다. 현재 복용 중인 약과 몸 상태에 대한 데이터를 기반으로 화상 면담이 함께 이루어진다면 방문 진료 못지않은 의료 서비스가 가능할 듯싶습니다.

질병 예방에도 데이터가 도움이 됩니다. 가장 좋은 예방은 균형 있는 생활입니다. 우리 몸은 가장 훌륭한 의사일 수 있습니다. 몸의 건강한 상태를 유지하는 방법은 간단히 말해 '잘 먹고, 잘 자고, 잘 싸면' 됩니다.

화장실 의사가 된 데이터

소울푸드나 로컬푸드는 건강한 먹거리와 관련이 있습니다. 그런데 도시화가 될수록 식재료의 질은 나빠지는 측면이 있습니다. 밭에서 막 딴 고추의 맛과 먼 거리에서 배송한 고추의 맛은 다르겠지요. 그 맛을 유지하려고 냉동 기술을 이용한다면 고추의 영양 상태가 나빠질 것입니다. 따라서 친환경 마크 등 품질을 보증하는 표시가 붙은 식재료는 더욱 늘어날 테고, 나아가 생산자나 수확 시기 등 점점 더 많은 데이터가 붙게 될 것입니다. 먹는 것만큼 중요한 것이 '잘 싸는 것'입니다. 그래서 조선 시대에는 임금이 화장실에 갈 때마다 어의御醫가 따라가 변의 냄새와 오줌의 색 등을 관찰했습니다. 현대에는 센서가 이 어의의 역할을 대신할 것입니다.

문제는 수면입니다. 수면장애를 앓고 있는 사람들이 매년 8%씩 늘고 있습니다. 수면장애는 사회생활이나 학교생활의 스트레스, 디지털 중독 등 다양한 원인이 결합되어 나타나는데, 치료가 쉽지 않다고 합니다. 데이터와 AI 시대가 선사하는 희망도 있지만, 디지털 중독이 우리 몸에 이상 질환을 일으킬 수 있다는 점은 생각해 볼 여지가 있습니다.

★ 함께 읽어 보세요.

김진영 지음, 《헬로 데이터 과학》, 한빛미디어, 2016.
최윤섭 지음, 《의료 인공지능》, 클라우드나인, 2018.
에릭 토폴 지음, 《딥메디슨》, 이상열 옮김, 최윤섭 감수, 소우주, 2020.

03
법과의 만남

지금은 이런 표현을 하는 경우가 드물지만, 어느 드라마에 "법 없이 살 사람"이라는 표현이 나온 적이 있습니다. 드라마의 등장인물은 거의 매일 비슷한 일을 하고, 만나는 사람도 많지 않은, 일상에 변화가 거의 없는 사람이었습니다.

하지만 지금 우리가 살아가는 디지털 환경은 사람들의 연결이 많아졌고, 동물이나 약자의 권리 보호 등에 대해 새롭게 법이 제정되어 관습대로 살다가는 법의 처벌을 받을 수도 있는 시대입니다. 심지어 클릭 한 번으로도 범죄자가 될 수 있습니다. 성 착취물의 경우 그것을 만들어 올린 사람뿐만 아니라 본 사람도 처벌받게 됩니다. 인터넷에 글을 쓸 때도 저작권이나 명예훼손죄, 모욕죄 등을 생각해야 합니다.

외딴 섬에 살았던 로빈슨 크루소는 법을 걱정하지 않았지만, 하루 대부분을 디지털 공간이라는 연결된 세상에서 살아가는 사람들에게는 법의 보호를 받거나 법의 심판에서 자신을 지킬 방법이 필요합니다.

공정한 AI 판사

언론 기사 중에 판결 관련 기사가 많은 이유는 사건의 내용에도 관심이 있지만, 정당한 판결을 했는지 따져 보려는 이유도 있습니다. '유전무죄' '유권무죄'라는 말처럼, 많은 사람들이 법이 약자에게는 가혹하고 돈이나 권력이 있는 사람에게는 약한 처벌을 한다고 생각합니다. 96쪽 도표에서 보듯 우리 국민의 70%는 재판 결과가 불공정하다고 생각하고, 법원의 신뢰도는 40%를 넘지 않습니다.

물론 법원도 양형(범죄마다 형벌을 주는 범위) 기준을 정하는 등 많은 노력을 합니다. 하지만 판사도 사람인지라 피고인(형사재판에서 고소를 당한 사람)의 배경 등 외부 요인에 영향을 받을 수 있습니다. 판사도 인간이라는 또 다른 사례도 있습니다. 판사의 생리적 욕구가 판결에 영향을 미친 흥미로운 통계입니다. 2011년 4월, 법

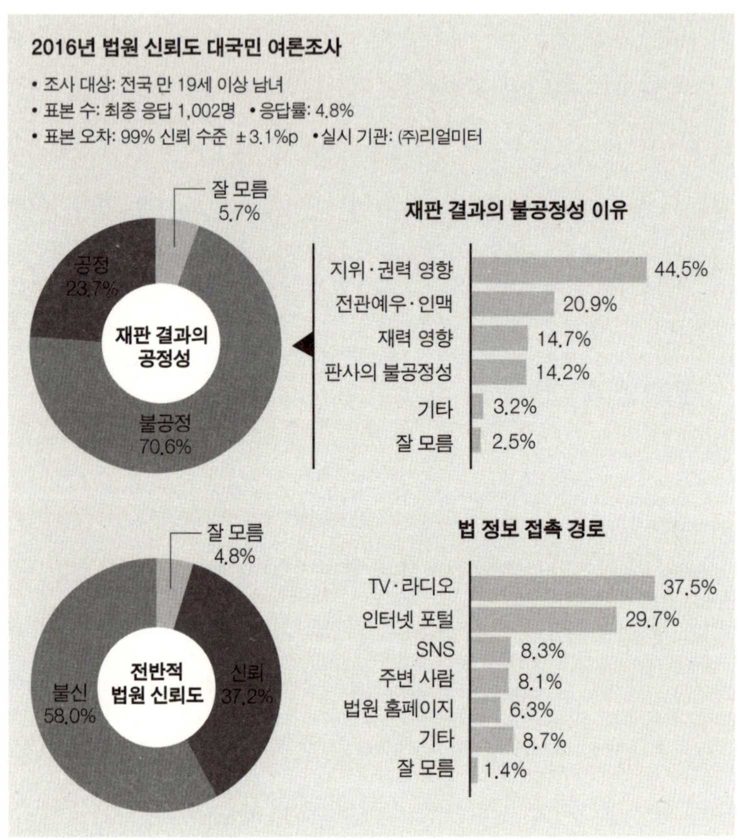

원의 보석 허가 판결이 판사의 식사 시간과 높은 상관성을 보인다는 논문이 미국 국립과학원 회보에 발표된 적이 있습니다. 점심시간이 가까워질수록, 업무 종료 시간이 가까워질수록, 보석 허가율이 0%로 떨어집니다. '인간'적인 판사의 문제입니다.

이런 문제를 고려하면, AI가 판사를 하면 더 공정할 것이라고 생각할 수도 있습니다. 특히 소송 건수가 많아 소송 기간이 너무 긴 현실을 생각하면 더욱 그 필요성이 느껴집니다.

이미 AI 판사가 출현한 국가들도 있습니다. 에스토니아에서는 2020년부터 분쟁 가능성이 적은 7천 유로(약 910만 원) 이하의 소액 재판에 AI 판사 시스템을 적용합니다. 중국·호주 등에서도 준비 중입니다. 판례 검색과 증거 분석 등에만 기반한다면 합리적 판결의 가능성이 높아 보입니다. 물론 AI가 다룰 수 있게 정형화되지 않는 사건은 일반 재판으로 판사가 진행해야 하겠지요.

하지만 이런 민사재판이 아닌 형사재판에 AI 판사가 출현하는 것은 아직은 먼일로 보입니다. 다만 어떤 재판의 경우 AI 판사가 판결을 내렸으면 어떻게 되었을까 생각되기도 합니다. 지금 소개하는 사례는 2021년 7월 5일 〈한국일보〉 기사에 나온 내용입니다. 어떤 사람이 이웃집에 사는 10대 지적장애인을 성폭행했다는 죄명으로 징역 6년을 선고받았습니다. 그런데 그가 옥살이하는 동안 뒤늦게 진범이 잡혔고, 그 사람은 자백을 했다는 이유로 징역 2년 6개월을 선고받았습니다. 경찰은 11개월 동안 억울한 옥살이를 한 사람에 대해 적극적으로 '변론'하지 않았다는 이유를 들며 자신들에게 잘못이 없다는 듯 이야기했습니다.

죄가 없는 한 사람의 인생에 큰 피해를 준 상황에서 경찰-검찰-판사로 이어지는 법 집행 과정에 문제가 있었다는 점에서 충격입니다. 더군다나 누명을 쓴 사람에게 내린 형량을 보면 판사가 예단(미리 판단)하지 않았나 하는 생각을 하게 됩니다. 만약 이 사건을 AI 판사가 판결했더라면 어떻게 되었을지 가상으로 구성해 보았습니다. 먼저 체포 당시 미란다 원칙을 고지했는지 살펴봅니다.

법에는 유명한 격언이 있습니다. '권리 위에 잠자는 자는 보호받지 못한다'는 말입니다. 좁게는 자기 권리를 주장하지 않으면 그 권리를 보호받지 못한다는 말이지만, 넓게 보면 법을 잘 알수록 자기 권리를 잘 주장할 수 있다는 뜻으로 해석할 수 있습니다. 하지만 약자들이 법을 잘 알기는 힘들죠. 그런 이유로 만들어진 원칙 중 하나가 미란다 원칙입니다. 범죄 사실의 요지, 체포 또는 구속의 이유와 변호인 선임권, 변명할 기회, 구속적부심사청구권(구속

   ··············

하는 게 맞는지 심사해 달라는 청구) 등을 체포당하는 사람에게 알려 줘야 합니다. 우리나라에서는 2019년에 이 미란다 원칙에 더해 묵비권(진술하지 않을 권리)도 알려 주도록 절차가 바뀌었습니다.

AI 판사는 고소인의 주장을 검토할 수 있습니다. 처음 고소할 때 검찰과 법원에서는 고소인의 진술에 일관성이 있는지 판단합니다. 위 사건의 경우 고소인이 지적장애가 있기 때문에, 지적장애가 있는 고소인의 진술에 다소 일관성이 떨어질 때 그 부분을 고려하는 통계를 확인합니다.

그 후에는 피고인의 항변(경찰 등에 대항해 자신의 주장을 이야기하는 것) 과정을 살펴봅니다. 경찰이 피고인의 항변이 약했다고 이야기하는 경우에도, AI 판사는 피고인의 학력과 언어 능력 등을 고려해 충분히 항변할 수 있었는지 검토합니다. 그리고 조사 과정에서 강압적인 과정은 없었는지 빅데이터로 정리해 순차적으로 질문합니다. CCTV나 휴대전화 위치추적 등의 정보를 검토합니다. 피해자가 주장하는 시간대의 증거 자료를 검토합니다. 최근 CCTV나 위치추적 기술이 발달한 상황을 검토해 증거 수집의 책임을 경찰이나 검찰에게 어느 정도 부담하게 할지도 검토합니다. 마지막으로 스모킹건('연기 나는 총'이라는 뜻으로 결정적 증거를 뜻한다)이나 관련 증거가 부족함에도 피해자의 진술만으로 판단한 판례들을 검토합니다.

알고리즘에 담긴 편견

AI 판사가 인간 판사보다 뛰어나다고는 할 수 없겠지만, 일단 '공정'이라는 알고리즘 외에 피고인의 외모, 학력, 재산, 사회적 위치 등을 고려하지 않을 가능성이 높습니다.

2020년 12월 한국리서치의 조사에 따르면, "자신이 재판을 받을 경우, 인간 판사와 AI 판사 중 누구를 선택할 것인가?"라는 질문에서 응답자의 48%가 AI 판사를 선택하겠다는 결과가 나왔다고 합니다. 그런데 과거의 판례가 잘못되었거나 AI 알고리즘에 편견이 들어간다면 AI 판사의 판결 또한 문제가 되겠지요. 실제로 알고리즘에 인종적 편견이나 재산에 따른 편견이 들어가 문제가 된 경우도 있습니다. 2016년 미국의 비영리 인터넷 언론 프로퍼블리카ProPublica가 실시한 AI 알고리즘 '콤파스'COMPAS의 플로리다주 브

 ·························· 지속가능한 세상을 위한 데이터 이야기

로워드 카운티 사례가 그 한 예입니다.

2013-2014년 브로워드 카운티의 사례를 분석해 보니 콤파스가 재범 가능성이 있다고 판단한 사람 가운데 20%만이 다시 범죄를 저질렀습니다. 콤파스는 백인에 비해 흑인의 재범 가능성을 높게 평가해 인종 차별의 편견이 작용한 결과라는 비판을 받았습니다.

알고리즘상에서 편견이 개입할 여지를 줄인다고 하더라도, 과거의 판례가 현재의 사건 재판에 영향을 끼치는 것이 적절하냐는 문제도 있습니다. 예를 들어, 여성 인권 의식이 높아짐에 따라 성폭력 처벌은 최근 피해자 보호와 가해자 처벌이 강화되는 추세입니다. 따라서 과거 판례를 바탕으로 만든 AI 판사라면 문제가 있을 수 있겠지요.

중요한 것은 AI라면 문제라고 인지한 부분을 고쳐 갈 수 있지만, 인간은 겉으로는 알아보기 힘든 불공정한 관행을 개선하기가 쉽지 않다는 점입니다.

법률 서비스에 대한 시대적 요구

AI 판사가 아니라도 국가가 지원해 낮은 가격으로 AI 법률 서비스를 받을 수 있다면 많은 사람에게 도움이 될 것 같습니다. 그런데 AI 법률 서비스는 현행법상 불법이라고 합니다. 법률 서비스의 주체를 변호사에만 한정하는 '변호사법' 때문입니다.

한 사이트에서 변호사를 소개하고 연결해 주는 서비스를 운영 중인데, 대한변호사협회는 이를 변호사법 위반이라며 고소했습니다. 그 사이트 관련자는 변호사에게 광고료를 받고 홍보를 대행해 주는 것이라 아무 문제가 없다고 주장합니다. 한 국회의원은 이 사이트가 법률 서비스 개선에 대한 시대적 요구라며 긍정합니다.

지금까지는 변호사를 통해 소송을 진행하려면 알음알음 소개를 받아 상담을 해야 했습니다. 상담만 받아도 돈을 지불해야 했지요. 이런 상황에서 사전에 그 변호사의 전문 분야가 무엇인지, 소송 비용은 얼마인지 알 수 있다면 큰 도움이 될 것입니다. 그런 소비자의 요구를 인정했는지 대한변호사협회에서도 협회 회원들을 소개하고 연결해 주는 포털 서비스를 개발하고 있다고 합니다.

중요한 것은 법률 서비스에 접근할 기회가 많아질수록 일반인들이 재판에서 자신의 이익을 지킬 수 있다는 점입니다. 지금은 변호사들에 관한 정보 접근조차 막힌 상황이지만 판결의 공정성을 위한 법률 서비스 개선 요구는 점점 높아질 것으로 보입니다. 궁극적 방향은 비전문가인 일반인도 법률 서비스를 쉽게 이용할 수 있도록 해야 합니다. 결국 다양한 상황에 맞는 법률 데이터를 구축한 후 그 데이터를 이용해 AI가 무료 혹은 낮은 비용으로 상담을 해

주는 법률 서비스로 진행되지 않을까 생각합니다.

★ 함께 읽어 보세요.

최정규 지음, 《불량 판결문》, 블랙피쉬, 2021.
정상조 지음, 《인공지능, 법에게 미래를 묻다》, 사회평론, 2021.

04
예술과의 만남

 AI가 그린 그림이 5억 원에 팔리는 시대입니다. 또 AI 작곡가, AI 작사가가 나오고 있습니다. AI는 정말로 인간 고유의 영역이라 여겨졌던 '감정의 영역'을 이해하고 예술 분야까지 정복할 수 있을까요? 모방과 창조의 영역의 경계가 점점 불명확해지는 듯합니다. 데이터를 저장하고 분석하는 능력은 컴퓨터가 탁월합니다. 컴퓨터가 창조의 영역도 넘어설까요?

 많은 인문학자와 과학자가 자신들의 뛰어난 업적을 두고 '거인의 어깨에 올라섰을 뿐'이라고 이야기합니다. 여기서 '거인'은 이전의 학자나 과학자들이 쌓아 놓은 결과를 뜻합니다. 그 어깨에 올라섰다는 것은 과거의 성과를 모방하고, 검증하고, 나름의 학습 과정을 거쳤음을 의미합니다. AI는 모방, 검증, 학습을 알고리즘으로 구현하고 있습니다. 어찌 보면 인간의 창조 과정에 AI가 충분히 다가갈 수도 있는 듯 보입니다. 하지만 대체로 현재까지는 뛰어난 '가짜'를 만들 수는 있지만 진정한 창조와는 거리가 있다는 평가를 받고 있습니다.

창작가가 된 AI

화가들은 자신만의 독특한 기법으로 작품을 표현합니다. 그 표현을 위해 재료에도 관심을 둡니다. 빈센트 반 고흐는 지극히 가난했음에도 고가의 재료를 구해 달라고 동생 테오에게 편지를 쓰기

딥드림이 그린 그림.
반 고흐의 〈별이 빛나는 밤〉과 유사해 보인다.

도 했습니다. AI에게는 뛰어난 화가나 조각가들의 방대한 데이터가 재료입니다. 모방만 하지 않고 여러 기법을 섞어 새로운 경우를 만들기도 합니다. 구글이 만든 AI 화가 '딥드림'Deep Dream은 특정 이미지를 입력하면 반 고흐나 르누아르 등 유명 화가의 화풍이 적용된 이미지를 만들어 냅니다. 105쪽 그림은 판타지 이미지를 넣은 후 반 고흐의 〈별이 빛나는 밤〉 기법을 차용한 것입니다. 이미지 생성에 주로 활용되는 AI 알고리즘은 GAN입니다. 전체의 일부분을 새로운 이미지나 형태로 대체하는 알고리즘이지요.

독일 작가 마리오 클링게만Mario Klingemann의 작품 〈행인의 기억 1〉은 17-19세기 미술가들이 그린 데이터를 바탕으로 만든 작품으로, 몇 초 간격으로 인물의 표정이 바뀌어 순간순간 바뀌는 인물화를 감상할 수 있게 했습니다.

GAN(Generative Adversarial Networks)

생성적대립신경망이라고 번역할 수 있다. '대립'으로 번역된 영어 단어 'adversarial'은 "서로 경쟁하며 무엇인가를 좋게 한다"는 의미로, "경쟁하며 대체한다"는 뜻을 포함한다. 기존에 존재하는 이미지를 대체해 새로운 이미지를 생성해 내거나 입력 이미지나 비디오를 다른 형태나 정보를 지닌 이미지 또는 비디오로 변환하는 기술을 뜻하는 말이다.

미국 럿거스 대학과 페이스북(메타) 등에서는 GAN을 진화시켰다는 CANCreative Adversarial Networks을 개발하고 'AICAN'이라고 이름 붙였습니다. AICAN은 특정 화가나 작품의 화풍을 넘어 "새롭고 창조적인 예술작품을 창작"한다고 합니다. 실제로 관람객을 대상으로 한 조사에서도 '인간 화가'의 작품과 잘 구별되지 않았다고 합니다.

AI의 활약은 미술 분야보다 음악 분야에서 훨씬 오래전부터 시작됐습니다. 기하학의 원리 중 하나인 "피타고라스의 정리"를 만든 피타고라스는 수학을 통해 음악을 표현할 수 있다고 보았습니다. 피타고라스는 유리수(두 정수의 비율 또는 분수의 형식으로 나타낼 수 있는 수)를 통해 음악을 표현할 수 있다고 했습니다. 실제로 악보를 보면 음표나 박자 등이 유리수로 표현되어 있지요. 그래서 일찍부터 음악은 전자화되어 디지털 피아노나 신시사이저 등이 만들어졌습니다.

소리는 파동의 움직임이므로 과학에서 발전한 유체역학(기체와 액체 등 형태를 용이하게 변형시키는 유체의 운동을 다루는 물리학의 한 분야)의 함수들을 활용할 수 있습니다. 수학적 데이터를 좌표로 변환하여 만든 함수들은 작곡을 할 수 있는 기초가 됩니다. 이 원리를 이용해 AI 작곡도 할 수 있습니다. 미국 UC 산타크루즈 대학교 데이비드 코프 교수진이 1990년대부터 오랜 시간 공들여 개발한 AI

작곡가 에밀리 하웰 Emily Howell이 대표적입니다. 하웰은 모차르트, 베토벤, 라흐마니노프 등 여러 위대한 작곡가들의 작품을 학습하고, 이를 토대로 화음과 박자 등 수많은 요소를 조합해 새로운 음악을 창조했으며, 2010년에는 첫 디지털 싱글 앨범을 발매하기도 했습니다.

2018년 12월 글로벌 영화 제작사 소니픽처스에서는 AI 스타트업 '에이바 테크놀로지'에서 개발한 AI '에이바'Aiva가 작곡한 곡을 영화 OST로 사용했습니다. 에이바는 현재 프랑스와 룩셈부르크 음악저작권협회SACEM에서 '작곡가'로서 창작물에 대한 저작권을 인정받고 있습니다. 에이바의 작곡 기술은 바둑 등에서 활용된 '강화학습' 기법을 이용합니다.

한편으로 AI 작가도 나타났습니다. 자동화된 글쓰기도 오래전부터 발전해 온 분야입니다. 가장 원시적인 형태는 '아래한글' 같은 워드 프로그램의 '머지 기능'인데요. 편지(메일)를 쓸 때 이름만 바꾸고 내용은 똑같이 처리하는 기능입니다. 최근 나오는 문서편

집기들은 문장의 일부 내용을 자동 완성해 주기도 합니다. 또 플롯을 짜 주면 글을 쓰는 앱도 있습니다. 여기까지는 사람이 구성한 내용을 컴퓨터가 완성해 주는 것입니다. 진정한 AI 작가는 일부 문장이 주어지면 스스로 새로운 내용을 구성하여 문장을 만들 수 있을 것입니다.

마이크로소프트와 일론 머스크 등이 지원하는 오픈 AI사가 개발한 GPT-3은 다양한 텍스트 생성 작업을 수행할 수 있는 딥러닝 언어 모델로, 인간처럼 이야기를 쓸 수 있다는 평가를 받고 있습니다.

문장을 새로 만들 수 있다는 점에서 AI 작가는 사용 범위가 꽤

일론 머스크(Elon Musk)

전기 자동차 회사 '테슬라모터스'와 민간 우주선 개발 업체 '스페이스X'의 CEO.

GPT-3(Generative Pre-trained Transformer-3)

번역하면 생성적 사전 학습 변환기 3, 즉 GPT-3은 오픈AI사에서 만든 인공지능이다. 비지도 학습과 생성적 사전 학습 기법, 변환기를 적용해 번역과 대화, 작문을 할 수 있으며 GPT-2에 비해 인간이 쓴 글인지 기계가 쓴 글인지 훨씬 구분하기 힘든 글을 생성한다. 오픈AI가 추구해 왔던 비영리, 오픈소스 정책과 달리 GPT-3은 마이크로소프트에 매각되어 무료 사용이 중단되었다.

넓습니다. 기사 완성, 문서 요약, 챗봇^{chatbot}(대화형 로봇)이나 스토리텔링에 기반한 게임 캐릭터 만들기 등 많은 사용 사례가 나오고 있습니다.

포켓몬 같은 게임을 만들 수도 있고, 무협·SF·미스터리·판타지 등 장르 소설을 쓸 수도 있습니다. 물론 아직까지는 소설과 같이 긴 이야기에서 등장인물의 이름과 특징을 지나치게 일관되게 묘사하는 경향을 보이는 등 단점이 두드러진다고 합니다. 정해진 틀을 벗어나 의외성이나 강조, 특정한 감정을 자아내는 표현, 반전 등에서 약한 모습을 보인다는 이야기겠죠.

예술 분야에서 가장 큰 변화를 맞을 분야를 꼽으라면 건축일 것 같습니다. 3D 프린팅 기술 때문입니다. 자르고 붙이고 연결하는 건축의 과정이 필요한 재료만 쌓아 올리는 과정으로 바뀌고 있습니다. 미국의 3D 프린팅 건축 스타트업 '아이콘'과 비영리 NGO '뉴스토리'는 공동으로 멕시코, 엘살바도르, 아이티 등 남아메리카

> **3D 프린팅**
>
> 3D 프린팅은 3차원 설계도를 기반으로 원재료를 층층이 쌓아 올려 사물을 출력하는 신기술이다. 프린터 헤드가 금속 재질의 세 개 축(가로, 세로, 높이) 사이를 이동하며 작업한다.

빈곤 지역에 저렴한 3D 프린팅 주택 800여 채를 짓는 프로젝트를 진행 중입니다. 골조와 벽체를 완성하는 데 24시간이 채 걸리지 않습니다. 가격이 낮은 단독주택 외에 3층 아파트도 만들고 있다고 합니다.

인간과 AI의 공동 창조

가능성과 놀라움을 주고 있지만 아직 AI 예술가는 창조성을 인정받지는 못하고 있습니다. 우리를 놀라게 한 몇몇 사례도 AI 전체가 아닌 가장 성공적인 사례일 뿐입니다. 하지만 예술 분야 전문가들은 AI가 예술가들에게 '붓'이나 '악기'처럼 새로운 보조 수단으로 유용하게 이용될 수 있다고 생각합니다. 사람의 손으로 구현하기 어려운 정교한 부분은 AI가 하고 고유의 창작 활동은 인간이 하는 협업이 가능해 보입니다.

실제로 국내 AI 딥러닝 스타트업 '펄스나인'Pulse9은 2019년 9월 26일 자체 개발한 AI 예술가 '이매진 AI'와 극사실주의 화가 두민이 '독도'를 주제로 공동 작업한, '교감하다'라는 뜻의 작품 〈Commune with…〉를 공개한 바 있습니다. 경상북도 울릉군에 위치한 독도를 모티브로 한 이 작품은 각별한 의미를 담은 한지에 태극 문양을 상징하는 빨간색 펜과 파란색 펜을 사용해 드로잉 기법으로 독도 이미지를 완성했습니다. 사람과 AI 화가의 닮은 듯 다른 두 가지 스타일로 표현된 독도의 펜드로잉화는 각기 다른 매력을 선사합니다.

4장 3절 '데이터 시대의 학습'에서도 다루겠지만, 창의성은 AI가 구현할 알고리즘이라도 쉽지 않은 영역입니다. 작가 한강의 소설처럼 다채로운 이야기와 깊은 의미를 담은 창작을 프로그램화하려면 엔지니어가 문학의 창작성을 모두 이해하고 그것을 알고리즘으로 만들어야 하는데, 현실적으로 불가능한 일이죠. 그럼에도 인간의 창의성 영역으로 알려졌던 많은 부분이 조금씩 AI 프로그램화되고 있다는 점은 인정해야 할 것 같습니다. AI가 예술 영역에서 구현할 수 있는 한계가 어디까지인지는 예단하기 어렵습니다. 프로그래머들의 '창의성'에 달렸다고 할 수 있을까요?

★ 함께 읽어 보세요.

오종우 지음, 《예술적 상상력》, 어크로스, 2019.
유현주 외 지음, 《인공지능시대의 예술》, 도서출판 b, 2019.

05

콘텐츠와의 만남

넷플릭스 netflix.com 와 아마존 amazon.com 은 문화 상품을 제공하는 빅데이터 기업입니다. 앞에서 문학을 포함한 예술 영역에서 AI 기술이 어떻게 펼쳐지고 있는지 살펴보았지만, 완전한 창작이 힘들다는 점에서 다양한 인간의 감성과 기호 등을 분석한 빅데이터를 통해 정보로 제공하는 일은 아직도 개발 중이라고 할 수 있습니다.

문화와 예술 콘텐츠를 빅데이터로 제공하기 위해서는 크게 세 가지 종류의 데이터가 필요합니다. 개인 데이터, 콘텐츠 데이터, 이용자 평가 데이터입니다. 영화나 책 같은 문화 상품이 아니어도 이 세 가지 분류는 대부분의 상품에서 통용되는 기본 데이터입니다. 문화 상품은 세 가지 데이터 모두 정량화하기가 쉽지 않습니다. 하나씩 살펴볼까요?

키워드 데이터

개인 데이터는 성별, 나이, 구매 내력, 활동 내역 등으로 구성됩니다. 이러한 개인 데이터는 넷플릭스에서는 초록색의 일치율(맞춤률) 정보로 가공됩니다. 넷플릭스는 개인이 본 영화(드라마)의 지속시간과 카테고리, 영화의 키워드 등을 종합하여 새로운 영화와의 일치율을 계산합니다.

아마존은 지금은 종합 쇼핑몰이지만 원래 출판 유통으로 시작한 기업입니다. 그런데도 넷플릭스처럼 개인 맞춤 정보를 제공하지는 않습니다. 여러 이유가 있겠지만, 영화에 비해 책의 종류가 많다는 점 때문으로 보입니다. 영화에 비하면 책은 콘텐츠 데이터 구축 비용이 수만 배 더 들어갑니다. 영화 플랫폼들이 다양한 빅데이터 기능을 선보이는 데 비해 온라인 서점들이 아직 그렇지 않은 이유도 콘텐츠 데이터를 구축하기 어렵기 때문이 아닐까 싶습니다.

콘텐츠 데이터는 크게 기본 정보 데이터, 카테고리, 키워드 데이터로 구성할 수 있습니다. 기본 정보는 생산자(영화사, 출판사), 저자(감독, 배우, 그림 작가, 글 작가), 가격 등으로 구성됩니다. 카테고리

(분류)는 영화의 경우 나라별, 장르별 등으로 구성됩니다. 이는 IT 시대에도 있던 데이터들입니다. 빅데이터에는 추가로 키워드(열쇳말)가 필요합니다. 카테고리도 키워드의 역할을 하지만, 다양한 문화 요구를 구체적으로 처리하기에는 부족하므로 추가로 키워드가 필요합니다. 또 '문학'이나 '과학' 등의 카테고리만으로는 부족합니다. '문학'에는 '에세이'가 있고 '시'와 '소설'이 있습니다. 에세이에도 생활 에세이, 여행 에세이, 사물 에세이, 문인 에세이 등 종류가 다양합니다.

아마존이나 영미권에서는 이 부분을 더 세부적인 카테고리를 통해 풀려고 합니다. 그런데 카테고리는 계층적이어서 서로 다른 분야에 걸친 콘텐츠를 메타데이터로 만들기에는 한계가 있습니다. 반면에 키워드는 독립적이기 때문에 다양한 연결이 가능합니다.

출판을 예로 들어 볼까요? 최근 '페미니즘'이나 '인테리어'가 인기를 끌고 있습니다. 페미니즘은 사회과학의 젠더학 영역에도 필요하고, 문학 분야의 에세이, 청소년 분야의 인문과도 관련된 주제

계층

하이어라키(hierarchy)라고도 한다. 주로 피라미드형의 계단적 조직 구조를 가리킨다.

입니다. 이 경우 서로 다른 대분류 내에 비슷한 카테고리를 여러 곳에 만들어야 합니다. 인테리어와 관련해서도 생활 에세이로 쓰는 경우에는 문학에, 인테리어 방법을 담으면 실용 카테고리 내 가정 카테고리 밑에 또 만들어 넣어야겠죠. 키워드 방식에서는 쉽게 해결될 수 있는 문제지만, 관성 때문인지 비용 때문인지 국내외 도서 유통 플랫폼에서는 아직 키워드 방식이 적용되어 있지 않습니다.

키워드 방식이 되어야 서점이나 도서관의 큐레이션도 활성화될 수 있습니다. 물론 지금도 작은 도서관이나 독립 서점에서는 키워드로 구성하는 사례가 종종 있지만, 비교적 적은 종의 책들을 대상으로 한 분류입니다. 매년 출간되는 신간이 8만여 종이고, 그중에서 독자들이 주로 찾는 책으로 한정해 살펴봐도 5천에서 1만 종은 됩니다. 작은 서점이나 도서관이 메타데이터 작업을 하기에는

큐레이션(curation)

원래는 미술관에서 기획자(큐레이터)들이 우수한 작품을 뽑아 전시하는 행위를 가리키는 말이다. 컨텐츠 큐레이션은 해당 분야에서 '양질의 콘텐츠'를 선택하고 같은 종류나 연관된 종류의 콘텐츠를 취합·선별·조합·분류해 의미를 부여하고 가치를 재창출하는 행위를 뜻한다.

쉽지 않은 수량입니다.

신뢰도 높은 독자 평점 시스템

콘텐츠 데이터가 구성되면, 콘텐츠 지도를 만들 수 있고 자연어 검색이 가능해집니다. 콘텐츠 지도는 콘텐츠 상품의 키워드들을 연결하는 지도를 말합니다. 우리가 접할 수 있는 콘텐츠 지도에는 검색 콘텐츠 지도 같은 것이 있습니다. 특정 단어를 검색한 사람들이 함께 검색한 단어들을 연결한 것이지요. 자연어 검색은 보통 우리가 '검색'이라고 하는 말을 뜻합니다. 자연어 검색을 하면 그중에서 중요한 단어를 추출하고, 그 단어와 맞는 키워드를 가진 콘텐츠 상품을 찾게 됩니다.

유튜브는 이런 콘텐츠 지도가 잘 되어 있는 플랫폼입니다. 유튜브는 한 영상이 끝나면 자동으로 다음 영상을 연결해 줍니다. 어떤 사람들은 유튜브에 자신이 원하는 영상을 하나 클릭하고 그다음 몇 시간 동안 자동으로 재생되는 영상들을 즐긴다고 합니다. 유튜브의 알고리즘은 연관된 영상들 중 새로운 콘텐츠나 재생률이 높은 콘텐츠를 골라서 연결해 줍니다. 하나의 콘텐츠와 다른 콘텐츠를 연결하고, 그 연결을 전체로 확장하면 콘텐츠 지도가 만들어집니다.

콘텐츠 지도는 아마존을 비롯한 온라인 서점에 있는 '이 책을 구매한 사람의 다른 구매 리스트' 또는 '이 책을 읽는 사람의 구매 리스트' 등과는 질적으로 큰 차이가 있습니다. 책의 경우 구매 상황이 다양하고 독서 유형도 달라 효용성이 낮기 때문입니다. 구매 상황이 다르다는 것은 독자와 구매자가 다를 수 있다는 것입니다. 예를 들면, 어린이 책이나 청소년 책을 주로 30-40대 여성이 구매하는 사례 등입니다. 독서 유형을 구매 데이터로만 알기 힘든 이유는 사람마다 독서의 흐름이 다를 수 있기 때문입니다. 예를 들면, 어떤 사람은 역사를 세계사 중심으로 읽고 어떤 사람은 한국사 중심으로 읽을 수 있습니다. 이런 경우 같은 책이 구매 목록에 들어가 있다고 하더라도 두 사람의 구매 리스트만으로 두 사람의 독서 유형이 같다고 하면 틀리게 됩니다.

제일 중요한 문제는 구매 평점의 '동등성'입니다. 최근 배달앱을 통한 음식물 배달이 늘면서 소비자들의 악의적 평점으로 고통받는 음식점 주인들이 많습니다. 사람마다 평점을 주는 성향이 다를 수는 있지만, 다른 소비자가 참고하는 평점의 신뢰도를 높일 시스템이 필요합니다. 대체로 지인의 추천이나 평점은 신뢰할 만하지만, 디지털 공간에서 모르는 사람들이 내린 평가의 평균이라는 점에서 구매 평점의 신뢰도에는 한계가 있습니다. 따라서 네트워크화된 이용자들의 신뢰도를 반영하는 방법이 필요합니다.

여러 가지 방법이 있겠지만, 제가 낸 특허를 기준으로 평가의 신뢰도를 높이는 방법을 설명해 보겠습니다. 먼저 많은 사람의 신뢰(추천받은 횟수 등)를 바탕으로 평가의 가치를 점수화합니다. 그러고 나서 그 점수(신뢰지수)가 높은 사람의 평점(점수가 높든 낮든)에 가중치를 주는 것입니다. 예를 들어, 신뢰도 10인 사람이 평점 8점을 주고 신뢰도 1인 사람 세 명이 2점을 주었다고 하면, 원래는 평점 총합(14점)을 사람 수(4명)로 나눈 3.5점이 점수가 됩니다. 그런데 신뢰를 가산한 평점은 신뢰도와 평점을 곱해 합산한 후 [(10x8)+(1x2)+(1x2)+(1x2)=86], 신뢰지수 전체 합(13)으로 나눈 값(86÷13=6.6)이 됩니다.

이런 방법으로 업체에서 비용을 들여 평점을 거짓으로 올리거나 프로그램을 이용해 평점을 조절하는 등 악용하는 것을 막을 수 있습니다. 사실 신뢰도 평점 외에도 '이용자 평가 데이터'로 여러 가지를 알 수 있습니다. 평점을 준 사람들을 같은 연령이나 성별로 구분해 따로 통계를 내서 보여 줄 수 있습니다. 소설책의 경우 여성과 남성의 평점을 나누어 보여 줄 수 있습니다. 온라인 서점에는 평점을 주는 사람의 나이와 성별에 관한 정보가 있기 때문에 쉽게 통계를 낼 수 있습니다. 어떤 온라인 서점이 책을 구매한 사람들의 평점만 따로 모아 평점 평균을 낼 수 있는 것도 구매 정보를 가지고 있기 때문입니다. 더 나아가 인문 책의 경우 인문 책을 주로 읽는 사람들의 평점과 그렇지 않은 사람들의 평점을 나누어 보여 줄 수도 있습니다. 이렇게 다양한 데이터를 통한 평점 정보는 자신에게 맞는 상품을 선택하는 데 도움을 줍니다.

콘텐츠 빅데이터는 콘텐츠 유통에만 필요한 것이 아니라 지식 콘텐츠를 제공하는 서비스업 등에도 유용하게 사용할 수 있습니다. 최근 많은 기업에서 빅데이터를 표방한 교육 서비스를 내놓고 있습니다. 대부분 지식 설계도에 기반한 학습 안내 프로그램으로 보입니다. 자기 주도 학습이라는 트렌드를 어느 정도 반영한 것입니다. 다만 음성 상호작용, 자연어 검색, 설계 범위를 넘어서는 학습 요구 등을 어떻게 해결할 것인지의 문제들은 여전히 남아 있습니다.

★ 함께 읽어 보세요.

노가영 외 지음, 《콘텐츠가 전부다》, 미래의창, 2021.
김현수 지음, 《미디어커머스 어떻게 할 것인가》, e비즈북스, 2021.

데이터가 만든 세상, 데이터가 만들어 갈 세상

01

데이터 발자국

'든 자리는 몰라도 난 자리는 안다'는 말이 있습니다. 들어온 자리보다는 나간 자리를 알아채기가 쉽다는 뜻이지요. 다시 말해 흔적이 남는다는 이야기입니다. 무엇이 남는 것일까요? 그 사람과의 추억이나 감성 등이 남겠지요? 추억이나 감성을 데이터로 표현하면 어떻게 될까요? 기억과 관련된 데이터와 관계의 친밀함을 나타내는 데이터 등이 될 것입니다. 그런데 난 자리가 주는 추억은 아무리 강해도 시간이 지나면 잊힙니다.

데이터는 어떨까요? 오랜만에 친구들을 만나면 추억부터 공유하고 때로는 서로 기억이 달라 아웅다웅 다투기도 합니다. 서로의 기억 데이터를 비교하는 것이지요. 그런데 최근에는 다툴 필요가 없어졌습니다. 서로의 휴대전화를 '열어' 보면 됩니다. 구글의 사진 캘린더를 이용해 함께 찍은 사진을 보거나 인스타그램 같은 소셜 미디어에 올린 게시물을 확인하면 누구의 기억이 맞는지 확인할 수 있습니다.

우리가 미처 다 기억할 수 없는 내용을 잘 기록해 준다는 점에서 고마운 일입니다. 그런데 직접 찍거나 올린 데이터만 남아 있는 것이 아닙니다. 아침에 눈을 떠서 가장 먼저 하는 일은 무엇일까요? 스마트폰을 들여다봅니다. 카톡이나 이메일을 확인하거나 인터넷 기사를 훑어보지요. 게임을 하는 경우도 있을 겁니다. 소셜 미디어에서 좋아하는 연예인이나 친구가 무얼 하고 있는지 볼 수도 있겠고요. 쇼핑 앱을 이용해 사고 싶거나 필요한 물품을 주문할 수도 있습니다.

이 모든 과정이 데이터로 기록됩니다. 데이터는 단순히 쌓이기만 하는 것이 아니라 우리의 선호도로 분석되어 저장됩니다. 주로 보는 뉴스 유형, 좋아하는 상품 유형, 페이스북(메타) 친구들의 유형 등이 데이터로 쌓입니다. 우리가 그것을 허용한 것일까요? 그렇습니다. 앱을 깔고 처음 실행하면 다양한 데이터에 대해 사용 동의를 물어봅니다. 동의하지 않으면 앱을 사용할 수 없기 때문에 대부분 동의하게 되지요.

뜻하지 않게 범죄가 되는 경우

동의하지 않은 경우에도 데이터가 만들어져 사용되는 경우가 있을까요? 국가의 필요에 근거해 데이터가 만들어지는 경우가 있습니다. 주민등록증을 만들 때 사용되는 데이터들이 그 사례가 되겠지요. 이름, 생년월일, 주소, 지문 등입니다. 중국 같은 나라는 얼굴(안면)을 등록합니다. 이런 것들 외에는 데이터를 저장할 수는 있지만 사용하는 것은 제한되는 경우가 많습니다. 예를 들어, 개인이 사진을 찍었을 때 다른 사람의 얼굴이 나온다면 개인적으로 소장하는 경우는 문제가 없지만 그것을 소셜 미디어에 올리면 초상권 침해나 명예훼손 등으로 문제가 될 수 있습니다. 문제가 안 되는 경우는 범죄자 수사 등 공익적인 이유가 있을 때에 한해서입니다.

살인 사건 재판에서 자주 이용되는 데이터 중 하나는 검색 데이터입니다. 용의자가 사전에 관련 정보나 흉기를 검색한 경우 살인의 증거가 될 뿐만 아니라 '고의'로 살인을 저질렀다는 결정적인 판단까지 할 수 있습니다. 검색 기록은 사전 동의를 받지 않아도 알 수 있는 데이터이기에 범죄자들이 놓치기 쉽죠. CCTV 정보도 중요한 정보가 됩니다. '괴도 루팡'이 현대에 왔다면 도둑질이 불가능하다고 할 상황입니다. 휴대전화나 차량에 설치된 블랙박스는 미리 예상하고 대처하기가 거의 불가능하기 때문입니다.

최근에는 CCTV에 AI 기능을 탑재해서 사용하고 있는데요. 중국은 AI CCTV에 얼굴 인식 기술까지 적용합니다. 중국 뉴스를 보면 30년 전에 달아난 아동 유괴 살인범을 CCTV 얼굴 인식을 통해 잡은 일이 있었습니다. 또 유괴 현장에 있던 CCTV가 이상 행동을 파악하여 경찰에게 알려 하루 만에 아동 유괴범을 잡은 사례도 있습니다. 이 기술은 무인 점포에서 얼굴 인식으로 자동 결제하는 데 사용되기도 합니다.

범죄자를 잡는 데 이용하거나 그 외의 편리성이 인정된다고 해도, 왠지 자신에 관한 데이터가 어딘가에 있다는 점이 불편합니다. 그런데도 대부분의 중국인들은 사생활 침해 위험을 크게 보지 않는지 90%가 넘는 이들이 '얼굴 인식'을 이용한 감시에 찬성한다고 합니다. 권위적인 중국 정부와 달리 대부분의 국가에서는 '개인정보보호법'을 두어 개인 정보를 이용하는 데 제한을 둡니다. 개인정보보호법의 목적은 "개인 정보의 처리 및 보호에 관한 사항을 정함으로써 개인의 자유와 권리를 보호하고, 나아가 개인의 존엄과 가치를 구현"하기 위함입니다.

개인 정보를 법으로 보호하는 이유는 무엇일까요? 자유와 권리가 훼손되지 않게 하고 존엄과 가치를 구현한다고 하는데, 뜻을 파악하기가 조금 어렵습니다.

몇 가지 사례를 통해 개인 정보가 왜 중요한지 살펴볼까요? '옹

 ·········· 지속가능한 세상을 위한 데이터 이야기

고집'이라는 인물이 나오는 우리 옛이야기가 있습니다. 다른 사람들을 괴롭히기 좋아하는 옹고집 영감을 혼내 주기 위해 허수아비가 가짜 옹고집이 되어 나타납니다. 요술을 부려서도 그렇지만 옹고집에 대한 개인 정보를 더 잘 알고 있었던 가짜 옹고집이 결국 재판에서 이깁니다. 못된 진짜 옹고집은 고생을 하다가 나중에야 반성한다는 이야기입니다.

영화 〈마르탱 게르의 귀향〉이나 조선 시대 '유유' 사건처럼 실화를 바탕으로 한 이야기들도 있습니다. 둘 다 남편이 전쟁터에 나가거나 가출해서 집에 없는 사이에 남편 못지않게 집안 정보를 잘 아는 사람이 들어와 가짜 남편 노릇을 한다는 이야기입니다. 조선 시대 '유유' 이야기에서는 남편의 동생이 억울하게 죽기도 하지요. 결국 나중에 진짜 남편이 돌아오지만, 그동안 많은 문제가 생기게

마르탱 게르의 귀향

이 사건을 주제로 한 소설이 있고 영화로도 만들어졌다. 마르탱 게르는 16세기 프랑스의 소작농으로, 그가 집을 떠나고 몇 년 후 자신이 마르탱 게르라고 주장하는 사나이가 돌아와 아내와 아들과 함께 3년을 산다. 이후 이 사람이 진짜 마르탱 게르인가에 대한 재판이 열리고, 피고인 자신이 마르탱 게르라는 사실을 재판관에게 거의 납득시켰으나 진짜 마르탱 게르가 법정에 나타나면서 결국 이 사람은 마르탱 게르를 사칭했다는 것이 밝혀져 교수형에 처해진다.

됩니다.

쫓겨난 옹고집을 보면 자유와 권리가 훼손된 점을 생각해 볼 수 있고, 두 진짜 남편의 이야기를 보면 가족으로서의 존엄과 가치 구현이 방해를 받을 수 있다는 점을 어렴풋이나마 알 수 있습니다. 옛이야기임에도 개인의 신상 정보를 악용하면 문제가 생긴다는 것을 알 수 있습니다.

데이터로 남은 나, 진정한 나

앞의 사례들은 특정 인물의 개인 정보를 잘 아는 사람에게 '직접' 듣고 이용한 경우지만, 현대에는 디지털 공간만 잘 살피면 쉽게 개인 정보를 얻을 수 있습니다. 우리가 인터넷을 하는 동안 누군가 내 정보나 계정을 해킹하면 어떻게 될까요? 내 정보를 도용해 물건을 살 수 있고, 문자를 보낼 수 있고, 내 위치를 알 수 있고, 나 대신 전자 투표를 할 수도 있습니다.

대부분의 사이트나 앱에서는 ID를 요구합니다. 많은 사람들이 여러 사이트에 동일한 ID와 비밀번호를 사용하는 경우가 많은데, 이 경우 어느 한 사이트가 뚫리면 연쇄적으로 다른 사이트와 앱도 뚫릴 수 있습니다. 그러면 내가 아닌 '유령'이 대신 활동하는 상황이 벌어집니다. 아래 도표에서 볼 수 있듯이 매년 신고되는 개인 정보 침해 사례가 점진적으로 늘어 가는 것을 알 수 있습니다. 꼭 범죄가 아니더라도 개인 정보를 이용하는 경우는 많습니다. 여러 기업에서 동의를 구한 개인 정보를 이용해 다양한 '서비스'를 강제하기도 합니다. 내가 구매한 상품과 유사한 상품을 눈에 잘 띄게

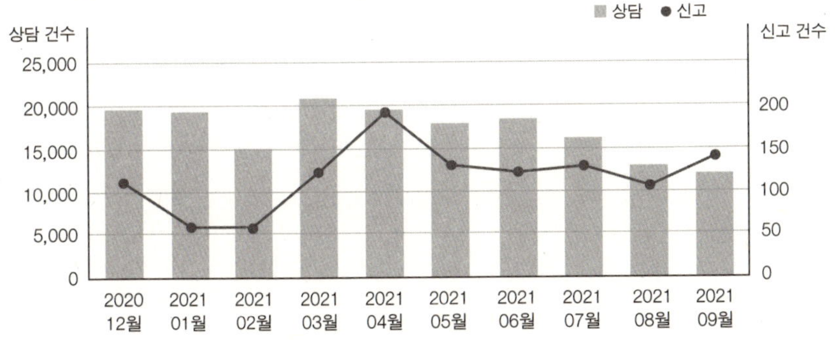

개인정보 침해 신고 및 상담 건수

보여 주거나, 자주 보는 동영상 유형에 가까운 영상을 추천해 주는 경우입니다. 주인과 데이터의 관계가 기업들의 이익을 위해 거꾸로 주인이 노예처럼 될 수도 있습니다.

많은 사람들이 하루에 열 시간 이상을 '온라인' 상태로 보낸다고 합니다. 휴대전화를 사용하거나 컴퓨터를 이용한 시간을 다 포함해서 말이죠. 잠자는 시간을 빼면 조용히 책을 읽거나 산책하는 시간은 여섯 시간밖에 되지 않습니다. 나만의 시간이 그만큼 부족하다는 이야기입니다. 이렇게 연결된 세상에서 내가 만들거나, 기록되거나, 누군가에 의해 나를 '규정하는' 데이터의 비중이 점점 더 늘어 가고 있습니다.

그런데 그게 진짜 '나'일까요? 우리는 자기 자신조차도 때로는 정확하게 모를 때가 있습니다. 미래의 희망사항도 바뀌고, 성격도 변합니다. 그런데 인터넷 공간에는 과거의 내 흔적이 고스란히 남아 있습니다. 그 일부만 본 사람들은 '내'가 아닌 '다른' 사람을 '나'라고 생각하기 쉬울 것 같습니다. 우리가 남긴 데이터 발자국은 구글이나 페이스북 등의 분석에 따라 유명인이 될 수도 있고 범죄자가 될 수도 있습니다.《무소유》를 쓴 법정 스님은 유언으로 아무것도 남기지 말라고 했습니다. 그래서 돌아가신 후에는 책도 더 이상 출판하지 않습니다. 스님의 말씀과 행동은 진정한 '나'가 무엇인지 보여 주는 듯합니다.

 .... 지속가능한 세상을 위한 데이터 이야기

★ **함께 읽어 보세요.**

강명관 지음, 《가짜 남편 만들기, 1564년 백씨 부인의 생존 전략》, 푸른역사, 2021.
타니아 로이드 치 지음, 벨 뷔트리히 그림, 《내 휴대폰 속의 슈퍼 스파이》, 임경희 옮김,
푸른숲주니어, 2018.

02
데이터 중독

물을 채운 그릇에 개구리를 넣고 서서히 온도를 올리면, 개구리는 그대로 있다가 죽습니다. 처음부터 뜨거운 물이었다면 개구리는 뛰쳐나왔을 것입니다. 그런데 물의 온도가 서서히 올라가면 조금씩 적응하다가 마침내 너무 뜨거워진 물속에서 죽게 되는 것이지요. 변온동물(외부 온도에 따라 체온이 변하는 동물)인 개구리와 달리 사람은 물이 서서히 뜨거워져도 물에서 나오겠지요. 하지만 다른 상황에서는 사람에게도 비슷한 일이 벌어질 수 있습니다.

'중독'이 그 대표 사례입니다. 누구나 어떤 것에든 중독되는 건 나쁘다고 알고 있고, 중독자들 역시 중독이 나쁘다는 데 동의합니다. 대부분의 중독자들은 처음부터 하지 말았어야 했다고 생각합니다. 그런데 어떤 경우는 좋아서 시작한 일이고, 누구나 하고 있어 중독이라고 생각되지도 않으며, 그만두어야 한다고 생각하지 않는 것이 있습니다.

미국 심리학자 B. F. 스키너Skinner는 심리상자 실험을 했습니다. 조건을 주면 반응하는 심리를 설명하는 유명한 실험입니다. 쥐를 상자에 넣고 쥐가 레버를 당길 때마다 음식을 상으로 주었습니다. 문제는 쥐가 이 상황에 익숙해졌을 때입니다. 매번 주던 상을 주지 않아도 쥐는 레버를 당기고, 레버를 당기지 않으면 불안해하기도 합니다.

쥐보다 훨씬 똑똑한 인간의 뇌도 비슷하게 반응한다고 합니다. 휴대전화가 처음 나왔을 때는 그저 있으면 좋은 멋진 물건 정도로 여겨졌습니다. 그런데 지금은 어떤가요? 필수품이 되었지요. 그래서 휴대전화를 쓰지 못하게 하면 대부분의 사람들은 화를 낼지도 모릅니다. 텔레비전이나 라디오가 없다고 그렇게 화를 내지는 않을 것 같습니다. 게임이나 영화 같은 오락거리 때문만은 아닌 듯합니다. 초점은 휴대전화를 통해 연결된 사람들과의 관계에 있습니다. 사람이 살아가면서 가장 중요하게 여기는 것 중 하나가 '인정' 받고 싶은 욕구인데, 이 욕구는 사람들과의 관계에서 채워지기 때문입니다.

관계와 데이터

일부 내용을 드라마로 연출한 다큐멘터리 영화 〈소셜 딜레마〉를 보면, 한 가족이 저녁 식사를 하는 장면이 나옵니다. 대화가 있는 저녁 식사를 위해 엄마는 가족 모두의 휴대전화를 일정 시간이 지난 후에야 열리는 용기에 넣어 둡니다. 어떻게 되었을까요?

각자 휴대전화를 들여다보며 식사할 때와 마찬가지로 아무도 말이 없습니다. 그때 한 휴대전화에서 문자가 왔다는 알림음이 들립니다. 막내인 소녀가 몰래 용기를 열려고 하는데 잠겨 있자 그만 용기를 깨고 휴대전화를 꺼내서 자기 방으로 들어갑니다. 그 과정에서 소녀 오빠의 휴대전화 액정이 깨져 버립니다. 엄마는 아들에게 일주일 동안 휴대전화를 쓰지 않으면 액정을 갈아 주겠다고 합니다. 한편 방으로 올라간 소녀는 사진을 여러 장 찍어서 인스타그램에 올려 봅니다. 필터를 이용하기도 하며 다양한 모습의 사진을 사람들의 좋은 반응이 올라올 때까지 여러 장 올리다가 마침내 마음에 드는 사진 하나를 올리고는 만족해합니다. 그런데 외모의 약점을 지적하는 댓글 하나가 올라옵니다. 소녀는 갑자기 우울해집니다.

우리는 타인의 평가에 반응하도록 진화했습니다. 그래서 친구들과 다투다가도 화해하고 평생을 가는 우정을 쌓기도 하지요. 나이가 들어서는 진정한 친구 셋만 있어도 행복하다고 말하는 사람도 있습니다. 그런데 '페친'(페이스북 친구)이 1천 명 있다면 어떨까요? 내가 올린 멋진 사진에 여덟 명이 좋다는 댓글을 달고, 두 명이 좋지 않은 글을 올리면 어떤 기분일까요? 애초에 오프라인 친구 열 명이었다면, 대부분 좋다고 하거나 싫다는 친구가 있다 하더라도 다른 친구들이 중간에서 풀어 주었겠지요. 하지만 서로 잘 알지 못하는 익명의 세계에서는 그런 관계를 형성하기가 힘들 것입니다. 결국 1천 명 중 단 두 명 때문에 급격하게 우울해질 수 있다는 말입니다.

인스타그램을 소유한 페이스북은 최근 큰 비난을 받았습니다. 인스타그램이 미국의 10대 소녀들을 더 우울하게 하고 자살률을 높였다는 내부 보고서를 회사가 감추었기 때문입니다. 내부 고발이었습니다. 통계에 따르면, 미국 10대 소녀들이 인구 성장에 비해 2-3배 우울증 환자가 많아졌고 자살률 역시 두 배 가까이 높아졌습니다. 그 원인에는 여러 가지가 있을 수 있지만, 소셜 미디어의 영향도 있었을 것이라고 많은 사람들이 생각합니다. 문제는 구체적인 조사를 하기가 어렵다는 점입니다.

생각해 볼 거리가 두 가지 있습니다. 하나는 빅데이터를 가진 해당 기업의 협조 없이는 조사가 힘들다는 점입니다. 뒤에서 보겠지만 방대한 데이터를 소유한 빅데이터 기업들은 거의 독점입니다. 그러니 참고하거나 비교할 대상도 없을뿐더러 독점 기업의 협조 없이는 실제 사용자들이 이용하면서 남긴 기록 데이터를 구할 방법도 없습니다. 그러니 문제점을 분석하려고 해도 실제 데이터 없이 분석과 주장을 하게 되어 설득력이 떨어집니다. 두 번째는 기업이 문제점을 알고 있어도 그 결과를 발표하거나 정책을 변경하려고 하지 않는다는 점입니다. 그렇게 하면 매출이 줄어들기 때문입니다. 내부 고발자가 중요한 이유입니다.

〈소셜 딜레마〉에서는 내부 고발자들의 충격적 증언들이 이어집니다. 소셜 플랫폼들은 접속을 유지하게 하기 위해 끊임없이 새로운 자극을 제공합니다. 새로운 친구 초청, 사진에 대한 태그, 시사 이슈, 이성 친구 찾기 등의 자극을 다양한 알고리즘을 통해 제공합니다. 알림을 끄지 않으면, 해당하는 알림 내용을 보고 싶은 유혹을 떨쳐 버리기 힘듭니다. 소녀의 오빠도 다양한 유혹을 잘 참아 넘기지만 결국 '전 여자친구가 새로운 남자친구과 찍은 사진'에 흔들립니다. 물론 현실에서 소셜 플랫폼이 이런 정도까지 세밀하게 알고리즘을 만들지는 않겠지요. 하지만 비슷한 장치는 많이 두고 있습니다. 소셜 미디어들은 결혼을 약속하듯 평생 이어 가자는 뜻으로 만든 인게이지먼트 시스템을 적극적으로 설계합니다.

가상으로 맺어지는 인간관계가 메타버스의 등장으로 더욱 강화되리라 생각합니다. 1960년대부터 지금까지 자동차의 속도가 두 배가 되는 동안 디지털 공간의 속도는 1조 배 이상 빨라졌습니다. 앞으로 더욱 빨라지겠지요. 최근 메타버스가 본격적으로 등장할 수 있는 기술 환경이 만들어지고 있습니다. 사실 이전의 사이버 공간 자체도 메타버스라고 할 수 있습니다. 가상 세계를 뜻하는 메타버스는 컴퓨터를 통해 다른 세계로 연결되는 시스템을 표현하는 개념이니까요.

최근 메타버스가 주로 언급되는 이유에는 이전보다 그래픽이나 움직임, 공동 작업 등이 발전한 것도 한몫하고 있습니다. 앞으로는 SF 영화에서 볼 수 있는 장면들을 메타버스 플랫폼에서 직접 해 볼 수도 있을 것입니다. 그럴수록 실제 생활의 비중이 점점 줄어들게 됩니다. 미국의 통계를 보면, 청소년들이 자동차 운전면허를 따는 비율이 낮아지고 데이트를 통해 교감하는 횟수가 줄어들고 있다고 합니다. 기술이 발달한 영향이고 스스로 선택해서 하는 일이니 무엇이 문제냐고 할 수 있습니다. 문제는 우리의 뇌가 이렇게 살도록 진화하지 않았다는 점입니다.

멈춤을 좋아하는 뇌

물론 인간의 뇌가 재미와 호기심을 채우거나 정보와 지식이 풍부한 것을 싫어한다는 뜻은 아닙니다. 다만 엄청난 데이터와 교감하기에는 우리 뇌가 적당하지 않다는 점을 말하고 싶습니다. 컴퓨터는 기본적으로 서로 연결될수록 속도가 빨라지고 다룰 수 있는 정보량도 많아집니다. 하지만 인간의 뇌는 이렇게 병렬화되지 않습니다.

뇌의 작동이 멈추는 치매를 디지털 환경과 연결해 표현한 '디지털 치매'라는 말도 나옵니다. 많은 데이터와 정보를 다루었는데 막상 생각나는 것은 없는 것이죠. 또 한편으로 화면과 소리만 있는 가상 세계는 온전한 생활에 맞춘 인간의 뇌에는 적합하지 않습니다. 오감 중에서 냄새, 접촉 느낌, 맛 등은 현재까지도 사이버 세계에서 구현되지 않고 있습니다.

진정한 인간관계에는 다섯 가지 감각이 모두 필요합니다. 마음이 맞는 친구와 손을 잡거나 어깨동무를 해 보세요. 그때 우리에게 시각과 청각만이 아닌 따뜻한 손의 느낌, 친구 머리의 샴푸 냄새 등이 전해져 옵니다. 다섯 가지 감각이 충분하게 연결되지 않는 사이버 세상에서 살아가는 '가상 인생'은 뇌에 상처를 줄 수밖에 없습니다. 뇌는 부족한 정보만으로는 왜곡된 판단을 할 수도 있습니다. 결국 사이버에서의 삶을 자신의 삶이라고 착각하는 인격 장애인 사이버리플리증후군이나 뒤떨어지거나 소외될 것을 불안해하며 소셜 미디어에 더욱 집착하는 포모증후군 등이 나타날 수 있습니다.

《우리의 적들은 시스템을 알고 있다》라는 책에서 저자는 식당을 찾거나 주문할 음식을 생각할 때 스스로 판단하는 대신 특정 앱 또는 사이트를 생각하지 않으면 찾지 못하는 현대인의 심리를 꼬집습니다. 자신도 모르게 중독되는 스마트폰 과의존 상태는 누구나 쉽게 빠져들 수 있는 함정입니다.

아래 도표는 해가 갈수록 스마트폰 과의존 위험군이 증가하는 것을 잘 보여 줍니다. 이 비율이 높아질수록 심리 불안과 정신적 고통이 증가합니다. 하지만 이런 생각이 들 수 있습니다. 모든 사

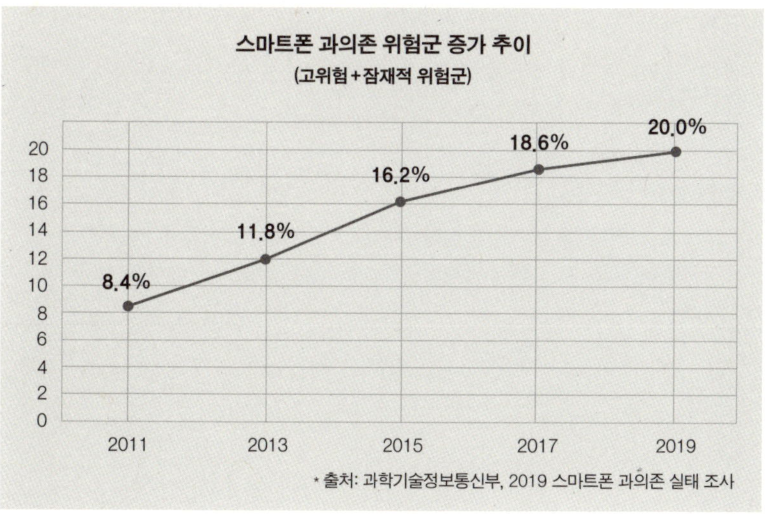

람들이 사용하고 있고 친구들과 소통하기 위해서라도 스마트폰이 꼭 필요하다고 말입니다. 틀린 말은 아니지요. 하지만 우리 뇌가 가장 좋아하는 것은 무엇일까를 생각해 볼 필요가 있습니다.

뇌가 가장 좋아하는 것 중 하나는 몸을 움직이는 것입니다. 우리 몸을 관장하는 뇌는 몸이 건강할 때 가장 활성화됩니다. 산소 공급도 풍부해지고요. 땀을 흘리고 나면 몸은 조금 피곤하지만 기분이 좋다는 느낌이 들지요. 운동이 아니더라도 산책은 우리 뇌를 매우 창조적으로 만듭니다. 뛰어난 인물들이 산책을 즐긴 건 그 과정에서 창의적인 아이디어가 떠오르고 생각을 가다듬을 수 있기 때문입니다. 뇌는 즐거운 경험을 하게 되면 더욱 뛰어난 능력을 발휘합니다. 영화를 감상하거나 멋진 풍경을 보면 창의성이 증가한다는 뇌과학 연구 결과도 있습니다. 뇌를 사랑한다면 오프라인에서 멋진 시간을 좀 더 많이 가질 필요가 있지 않을까요?

★ 함께 읽어 보세요.

로렌 슬레이터 지음, 《스키너의 심리상자 열기》, 조증열 옮김, 에코의서재, 2005.
마르타 페이라노 지음, 《우리의 적들은 시스템을 알고 있다》, 최사라 옮김, 시대의창, 2021.

03
데이터 시대의 학습

'배우고 때로 익히면 좋지 않은가.'

《논어》에 나오는 '학이시습지學而時習之면 불역열호不亦說乎 아라'를 해석한 말입니다. 배움學이 누군가의 가르침을 받는 것이라면, 익힘習은 배운 지식을 자기 것으로 만드는 과정이라고 할 수 있습니다. 그래서 학습이라는 낱말에는 두 가지 뜻이 다 있습니다. 요즘 강조하는 '자기 주도 학습'이라는 표현은 익힘을 염두에 두면서도 '자기 주도'에 방점을 둔 말입니다.

'자기 주도'를 강조하는 이유는 누구나 인터넷 공간을 이용해 수많은 데이터와 정보, 지식을 접하게 되면서 지식을 배우는 중요성이 줄어들었기 때문입니다. 주어진 교육에서 벗어나 훨씬 넓고 풍부하게 배우고 익혀야 한다는 것을 강조하는 것이지요. 과거에는 지식을 가진 사람이 하는 강의가 중요했습니다. 책이 지금처럼 흔하지 않았을 때는 더욱 그랬겠지요.

한 예를 들어 볼까요? 예전에는 《조선왕조실록》을 그 방대한 양 때문에 전문가가 아니면 접하기 힘들었습니다. 그런데 지금은 인터넷을 이용해 모든 내용을 읽을 수 있고 원하는 부분만 골라서 볼 수도 있습니다. 세종대왕 시대의 장영실에 관한 기록을 알고 싶으면, 예전에는 전문가를 찾아야 했지만 지금은 스스로 찾아서 알 수 있지요. 《조선왕조실록》의 내용을 잘 아는 전문가의 역할이 많이 줄어든 셈입니다.

심지어 인터넷에는 정보와 지식을 잘 가공하여 제공하는 프로그램도 있습니다. 한 사례로 우리나라 청소년들에게 가장 인기 있는 앱은 수학 문제를 입력하면 풀이 과정과 답을 알려 주는 앱입니다. 학교에서 지식을 배우는 시대가 끝나 가고 있다면 어떻게 해야 할까요? 쉽지 않은 이야기니 하나씩 짚어 보며 생각해 봅시다.

검색을 잘하는 방법

누군가 인터넷에 있는 지식을 이용해 새로운 지식을 만들거나 아이디어를 만들어 낸다고 생각해 봅시다. 그런데 검색해서 찾은 지식의 의미를 모른다면 새로운 콘텐츠를 만들기 힘들 겁니다. 그러니 인터넷 시대에도 어느 정도 정보와 지식은 알고 있어야 하겠죠? 달라진 점이 있다면 급격하게 새로운 정보와 지식이 생기고 있기 때문에 과거처럼 지식을 잘 쌓는 것만으로는 부족하다는 것입니다.

그러면 어떻게 해야 할까요? 《초예측》에서 유발 하라리 Yuval Harari가 한 말은 좋은 지침이 됩니다. "기존에는 인생을 두 시기로 나눴습니다. 배우는 시기, 그리고 배운 것을 활용하는 시기로 말이죠. 배우는 시기에 자아가 형성되고 교육이 이뤄졌다면, 다음 시기에 사람들은 배운 것을 사용해 먹고살 수 있었습니다. 그러나 이런 방식은 21세기에 통하지 않습니다. 우리는 끊임없이 학습하고 혁신해야 합니다."

유발 하라리는 학습하고 혁신하는 능력을 강조하고 있습니다. 예전에는 지식을 배우면 됐지만 지금은 학습하는 능력을 키워야 한다는 이야기입니다. 공부 그 자체보다 스스로 공부할 수 있는 능력을 키우라는 뜻입니다. 구체적으로 생각해 보면, 지식의 암기보다는 검색할 수 있는 능력이 중요하다는 관점을 얻을 수 있습니다. 그런데 원하는 정보와 지식을 인터넷에서 잘 찾지 못하는 사람들이 있습니다. 이유는 어떻게 질문해야 할지 잘 모르기 때문입니다. 'and'나 'or'를 사용하는 검색 기술을 이야기하는 것이 아닙니다. 물론 검색 기술을 잘 알면 더 좋겠지만요.

방대한 바다에서 보물을 찾거나 새로운 육지를 발견하고 싶다면 어떻게 해야 할까요? 검색어 입력을 일종의 질문이라고 생각할 수 있습니다. 질문을 잘하려면 자신이 '알고 있는' 지식과 '알고 싶은' 지식을 잘 알아야 합니다. 알고 싶은 내용을 정리하기 위해서는 문장으로 표현하는 방법이 좋습니다. '나는 이것은 잘 알고 있는데 이 부분은 모른다'는 식으로요. 예를 들면, '세종 시대에 장영실 같은 과학자가 있었다는 이야기를 읽어서 알고 있다. 장영실 같은 과학자가 조선 시대에 또 있을까?'라고 문장을 만들어 보는 겁니다. 검색은 어떻게 해야 할까요? '조선 시대 과학자'라고 해 볼 수 있겠죠. 만족스러운 결과가 안 나오면, '과학자' 대신 '발명가' 또는 '조선 시대 과학기술'이라고 넣어 볼 수도 있겠지요. 이런 과정을 여러 번 거쳐 내용을 쌓으면 다양한 결과물을 만들 수 있습니다.

'조선 시대 과학기술에 관한 조사'라는 보고서를 만들 수도 있고, 조선 시대 과학 제품을 현대에 응용한 발명을 해 볼 수도 있겠지요. 이러한 과정을 돌아보면, 검색하는 능력이 우리가 평생 학습할 수 있는 좋은 수단이 될 수 있음을 알게 됩니다. '네트워크'는 우리말 '얼개'와 비슷한 뜻입니다. 얼개를 짠다는 것은 정보와 지식을 다른 정보와 지식과 잘 연결하는 것을 뜻합니다. 정보와 지식의 얼개를 잘 짜고 나름의 지도를 가지고 있다면 훌륭한 학습 능력을 갖췄다고 할 수 있을 것입니다.

창의력을 키우는 뇌 훈련

학습하는 능력을 살펴보았으니 혁신하는 능력을 살펴볼까요? "많은 경우, 사람들은 원하는 것을 보여 주기 전까지는 무엇을 원하는지도 모른다." 스티브 잡스가 한 말입니다. 대부분의 사람들은 어떤 필요가 있더라도 그냥 있는 대로 이용합니다. 하지만 잡스는 '음악을 언제든지 인터넷을 통해 다운로드 받아 듣는 방법이 없을까?' 같은 질문을 했고 아이팟iPod이라는 혁신적인 제품을 만들었습니다. '사람들은 무엇을 원할까?'라는 질문을 먼저 하고 '이런 서비스가 있으면 좋겠다'고 생각하는 사람들은 창의적인 사업가가 될 수 있습니다.

여기서 또 다른 질문이 생깁니다. 머리가 좋은 사람들이 창의력도 좋을까요? 일론 머스크나 스티브 잡스의 아이큐는 일반인보다는 높으나 특출하다고 하기는 힘든 수준입니다. IQ가 120 정도를 넘으면 창의성에서 큰 차이가 없다고 합니다. 중요한 것은 IQ가 그 이하라도 창의성이 없다는 말이 아니라는 점입니다. 미국 하버드 대학교 발달심리학과의 하워드 가드너 교수는 성격과 체질 그리고 동기로부터 창의성이 기인한다고 말합니다.

가드너 교수의 이야기는 조금 추상적이니까 뇌과학의 관점으로 풀어 봅시다. 우리의 뇌는 얼개를 짜고 지도를 만드는 데 아주 좋은 능력을 가지고 있습니다. 다만 에너지가 많이 소비되기 때문에 뇌는 이런 일을 잘 하려고 하지 않습니다. 뇌과학자들은 뇌가 효율적이라고 말합니다. 다시 말해, 몸을 유지하는 데 필요한 최소한의 에너지만 쓰기를 바란다는 뜻이지요. 머리를 많이 써야 하는 일은 에너지를 많이 써야 하고, 그 에너지를 쓸 동안 몸에 에너지를 잘 사용할 수 없어 싫어한다는 뜻일 수 있습니다. 따라서 창의적 사고는 뇌와 일종의 협력이 필요합니다.

창의적 사고를 하고 싶은 사람이라면 호기심이 강하고, 새로운 정보를 수집하고 가공하는 훈련을 하고, 그 과정에 머무르지 않고 계속 해결책을 찾아가는 동기가 있어야겠지요. 문제는 그런 마음을 갖는다고 뇌가 그렇게 준비되지 않는다는 점입니다. 그래서 오

창의력의 아이콘이라 할 수 있는
스티브 잡스가 맥북에어를
들고 있다.

랜 시간과 노력이 필요합니다. 그 과정이 이어지다 보면 우리의 뇌를 점점 더 창의성에 맞추어 갈 수 있습니다. 물이 100℃가 되어야 끓어오르듯 말입니다.

창의력을 키우는 독서

창의력을 키우는 구체적인 방법으로 독서가 있습니다. 검색만으로도 얻을 수 있는 정보와 지식이 많은데 꼭 독서를 해야 할 이유가 있을까요? 앞에서 지식의 얼개가 중요하다고 했지요? 책은 오랫동안 공부해 온 저자가 지식의 얼개를 짜 놓은 내용물입니다. 한 가지 주제 혹은 분야를 두고 다양한 정보와 지식의 얼개를 만들어 놓은 것입니다. 그래서 자연스럽게 다양하게 연결된 지식을 배울 수 있습니다. 더불어 저자가 글을 쓰면서 보여 주는 사고방식을 통해 정보와 지식의 얼개를 짜는 방법도 배울 수 있습니다.

조금 더 나아가 보면, 비슷한 주제를 연결해 다양한 책을 읽으면 효과가 더 커집니다. 예를 들어, 서로 주장이 다른 책을 '비교하며 읽기', 비슷한 주제를 여러 관점에서 이야기하는 책들 '묶어 읽기', 비슷한 주제를 다른 학문 분야에서 풀어내는 책들을 연결하여 읽는 '연결 읽기' 등을 권합니다. 출판에서도 빅데이터가 발전하면서 책 지도, 맞춤형 도서 추천 등이 있으니 활용하면 좋습니다.

힘들게 학습하지 않고 기술로 대체할 때가 올까요? 인간의 기억이나 학습 능력을 USB 바꿔 끼우듯 다룬 영화들이 있습니다. 대표적으로 필립 K. 딕의 단편소설을 1990년과 2012년에 영화화한 〈토탈리콜〉을 들 수 있습니다. 우리말로 '완전 교체'라는 뜻에 가까운 제목에서 예상할 수 있듯, 영화에는 한 사람의 기억을 송두리째 바꾼다는 설정이 나옵니다. 이 영화처럼 기억을 바꾸거나, 뇌의 능력을 키우거나 하는 세상은 아직 상상일 뿐입니다. 간혹 뇌의 기억을 외장하드에 저장한다는 설정의 영화들도 있지만 과학적 근거가 매우 희박합니다.

지금은 우리 뇌가 효율적으로 기억을 저장한다고 이야기하지만, 어떤 신경세포에 어떤 기억 요소가 있는지 아직 명확하게 알지 못합니다. 앞으로도 쉽지만은 않겠지요. 인간과 AI의 관계는 4장 5절 '포스트휴먼'에서 더 자세히 다루겠습니다.

★ 함께 읽어 보세요.

정철 지음, 《검색, 사전을 삼키다》, 사계절, 2016.
유발 하라리 외 지음, 오노 가즈모토 엮음, 《초예측》, 정현옥 옮김, 웅진지식하우스, 2019.

미래 직업

'평양 감사도 저 싫으면 그만이다'라는 말이 있습니다. 언뜻 생각하면 부와 명예가 보장되는 일자리를 싫다고 하는 것이 이해하기 힘듭니다. 일하지 않고 부자가 될 수 있는 재테크에 관심이 많은 사람이라서 더 좋은 무언가가 있어 그러는 것이라고 생각할지도 모르겠습니다. 꼭 그럴까요?

"우리는 소유하기 위해서가 아니라 진정한 자신이 되기 위해 일한다." 미국 작가 앨버트 허버드가 한 말입니다. 소유욕을 좇아 부와 명예를 추구하기보다 자신에게 맞는 즐거운 일을 선택해야 한다는 의미로 해석할 수 있습니다.

직업에 대한 관점은 잠시 접어 두고 구체적으로 직업에 대해 이야기해 볼까요? 한 책의 저자는 청소년을 대상으로 강의할 때면 유독 '미래의 직업'에 관한 질문을 많이 받는다고 말합니다. 4차 산업혁명 시대가 되면서 산업이 급격하게 변하고 어떤 직업은 사라지기도 하는 현실을 보면 당연한 관심입니다. 그래서 몇몇 책이나 소셜 미디어 콘텐츠에서는 없어질 직업과 유망한 직업 목록을 이야기하기도 합니다. 전화 응대 노동자, 정보검색사 등 이미 AI나 로봇, 프로그램에 의해 대체될 수 있는 직업들이 눈에 띕니다.

반면 유망 직종으로는 주로 현재 주목받고 있는 빅데이터를 비롯한 4차 산업 분야, 로봇 분야, 생명과학과 바이오 분야, 기후변화 분야 등을 이야기합니다. 데이터 사이언스 전문가, AI 전문가, 3D 프린팅 전문가, 원격 로봇 외과 의사, 건축 프린팅 기사, 폐기물 재

활용 기사, 공공 기술윤리 기사 등 다양한 직업들을 이야기할 수 있습니다.

사법고시(지금은 법학전문대학원)를 통과하면 부와 명예가 따라올 것이라고 믿었던 때가 있습니다. 그런데 최근 뉴스를 보면, 변호사로 일하는 사람들의 평균 수입이 일반 직장인보다 못한 경우가 꽤 있다고 합니다. 반대 사례도 있습니다. 최근 우주여행의 시대가 되자 우주생물학자가 뜨고 있습니다. 언론에 인터뷰도 나오고 책도 나왔습니다. 10년 전에 이런 직업이 생길 거라고 생각한 사람은 별로 없습니다. 과학기술이 발달할수록 새로운 분야에서 전문 능력이 필요한 경우가 생깁니다. 많은 사람들이 좋다고 몰린 직업에 비해 아무도 관심을 갖지 않는 직업을 가진 사람이 미래에 더 각광받을 가능성도 있다는 이야기입니다.

그래도 왠지 직업이 없어지는 경우를 걱정 안 할 수 없습니다. 유발 하라리는 대부분의 군사 분야에서 이미 사람이 불필요해졌다며, 많은 사람을 병사로 쓰던 시대가 끝나 가고 있다고 이야기합니다. 우리나라 군대에도 드론을 이용하는 전투 부대가 있을 정도로 무인 전투가 중요한 개념이 되고 있습니다. 무인 드론이 폭격을 하고, 로봇 병사가 전투를 하는 세상이 영화가 아닌 현실이 되어 갑니다. 그런데 발달하는 부분만 보다 보면 기본적인 부분을 놓치기 쉽습니다. 수천 년에 걸친 전쟁사에서 바뀌지 않는 부분은 보병이 점령해야 승리한다는 점입니다. 미군이 아프가니스탄에서 철수한 이유는 남동부 산악지대에 보병이 접근할 수 없었기 때문입니다. 탈레반(아프가니스탄을 기반으로 한 이슬람 근본주의 집단)은 지형이 험한 지역을 중심으로 조금씩 영토를 점령해 갔습니다. 미국이 쏟아부은 천문학적인 돈과 최첨단 무기로도 어쩔 수 없었습니다.

물론 어떤 직업은 정말 없어질지도 모릅니다. 실제로 전화 응대 노동자들이 급속히 줄어들고 있다고 합니다. AI 응답기가 있기 때문입니다. 또 자율주행차 시대가 되면 택시 운전사나 트럭 운전사도 없어질 수 있습니다.

AI 시대의 직업

어떤 단순노동은 사라질 가능성이 높지만 모든 단순노동이 없어지지는 않을 것입니다. 그 예로 최근 배달 노동자가 폭증하는 점을 들 수 있지요. 어떤 경우에는 직업의 역할이 조금씩 변하면서 발전할 수도 있습니다. 택시 운전사는 과거에는 운행하면서 길에서 손님을 태웠지만 지금은 앱을 이용한 '콜'을 통해 더 많은 손님을 태웁니다.

일자리가 사라진다는 점을 강조하며 실업의 공포를 이야기하는 사람들도 있는데요. 역사를 살펴보면 과한 걱정입니다. 1차 산업혁명 당시 기계가 도입되자 노동자들은 일자리가 없어질 것을 걱정해 기계를 부수기도 했습니다. 짧게 보면 일자리가 줄어들었지만, 시간이 지나면서 줄어든 일자리 이상으로 서비스업 등의 일자리가 늘어 전체적으로는 일할 기회가 늘어났습니다.

오히려 전문직이 더 빨리 없어질 수 있다고도 이야기합니다. 높은 비용이 요구되는 지식 전문 분야인 의사와 법률가 등이 그 예입니다. AI 의사나 AI 법관이 나온다는 얘기죠. 그런데 의사나 법률가는 법이나 정치를 통해 자기들의 이익을 지킬 힘 있는 집단을 꾸리고 있지요. 실제로 의사 단체의 반대로 인해 원격의료제도가 실행되지 못하고 있다는 시각도 있습니다. 결국 현실에서는 여러 과정을 거칠 수밖에 없다는 이야기입니다. 만약 AI 의사나 AI 판사가 활용된다고 해도 새로운 일자리가 생겨날 것입니다. AI 의사에게 수술 알고리즘을 제공하는 의사도 필요하고, 판례 중심을 넘어서는 알고리즘을 연구하는 법률가의 수요가 늘어날 수 있습니다.

그렇다면 앞으로 유망한 직업들은 어떤 것일까요? 데이터 분야 전문가와 프로그래머의 임금은 급격히 상승하고 있습니다. 그 이유는 대부분의 산업이 빅데이터에 기반을 둔 산업으로 변화를 시도하기 때문입니다. 이런 현상이 한동안 유지될 가능성이 높지만, 놓치고 있는 부분은 없는지 과거의 경험을 통해 생각해 봅시다.

1990년대 IT 거품이 일어났을 때 모든 회사들이 홈페이지를 만들었습니다. 그때 프로그래머뿐만 아니라 웹디자이너의 월급이 하늘 높이 올랐습니다. 어떤 웹디자이너는 1년마다 회사를 옮기며 임금을 올려 3년 만에 처음 받은 월급의 두 배를 받았습니다. 그러다가 거품이 꺼짐과 동시에 웹디자이너의 임금은 폭락했습니다.

프로그래머는 임금이 높지 않냐고요? 프로그래머는 지식 노동자지만 노동 강도가 높고 실력에 따라 임금 차이가 큰 직업입니다. 새로 나오는 프로그래밍 기술을 계속 배워야 하고, 어렵고 가치가 높은 알고리즘을 잘 짜야 높은 보상을 받을 수 있습니다. 기존 프로그래머가 새로 유입되는 젊은 프로그래머들에게 밀려날 수 있습니다. 직업 자체는 유지되지만 노동하는 사람이 쉽게 교체된다면 지속가능한 직업이라고 할 수 있을까요?

그러면 대학에서의 전공과 자격증, 포트폴리오는 중요할까요? 기계공학, 로봇공학, 데이터 관련 학과, 생명공학과 등이 앞으로 유망한 학과라고들 이야기합니다. 그런데 이전처럼 독립된 학과보다 사물인터넷을 활용하는 기계공학, 교육학을 잘 아는 로봇공학 등 융·복합 전공이 많아질 것입니다. 경영학과 같은 전통적 학과에도 변화가 있을 테고요. 과거에도 경영학과에서 통계를 다루었지만, 주로 회사 경영에 필요한 회계나 산업 통계 등 쉽게 구할 수 있는 정보를 바탕으로 한 것이었습니다. 상세한 소비자 분석이나 시기별 구매 패턴 등 보다 구체적인 통계는 기업에 꼭 필요한 것이지만 학교에서는 데이터가 부족하고 관련 분석 기술이 발달하지 않아 가르치기가 쉽지 않았습니다. 그런데 최근에는 기업 경영 전반에 통계가 영향을 미치고 있기 때문에 공부하는 내용이 달라지면서 데이터 통계를 강조하고, 이와 관련한 학과들이 경영학 계열 내에 생겨나고 있습니다. 문과로 분류되어 수학에 약해도 공부할 수 있다고 생각되던 경영학과가 데이터 처리 능력을 많이 필요로 하는 상황으로 바뀌고 있다는 이야기입니다.

다른 분야도 비슷할 것입니다. 수학의 역할이 모든 전공 분야에 영향을 미치는 사회로 가고 있기 때문에, 대학들도 대입에서 수

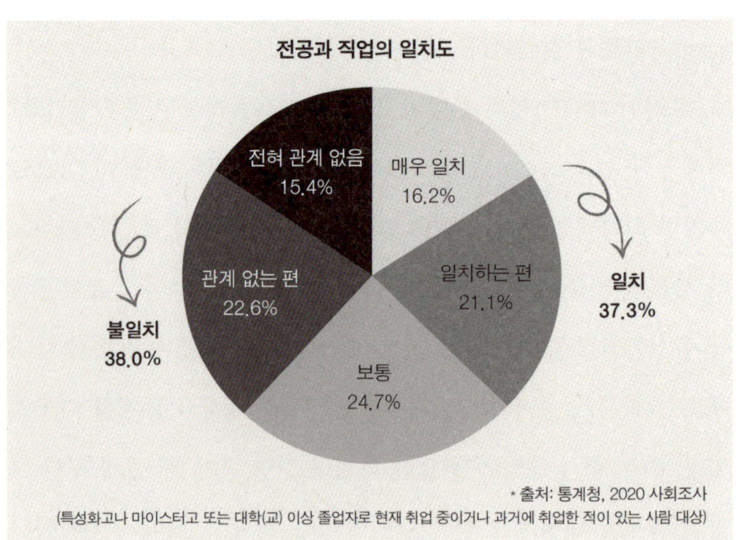

* 출처: 통계청, 2020 사회조사
(특성화고나 마이스터고 또는 대학(교) 이상 졸업자로 현재 취업 중이거나 과거에 취업한 적이 있는 사람 대상)

 ·········· 지속가능한 세상을 위한 데이터 이야기

학의 비중을 높이고 있습니다. 더군다나 대학 전공과 직업의 일치도를 나타낸 통계청의 도표(156쪽)를 보면 전공대로 직업을 선택하는 비율이 높지 않다는 것을 알 수 있습니다.

자격증은 어떨까요? 국세청에 직접 세무 신고를 할 수 있도록 자동화되어 세무사나 회계사의 역할이 줄어들고 있습니다. 공인중개사의 역할도 갈수록 플랫폼의 정보를 이용한 직접 거래가 많아져 줄어들 수 있습니다. 경력이나 성과물을 담은 포트폴리오는 여전히 유효하겠지만, 급격하게 변화는 환경을 고려하면 유연한 업무 능력을 보여 주는 포트폴리오가 중요해질 것입니다. 과거의 능력보다는 변화에 대응하는 능력에 방점을 둔다는 이야기죠.

다시 처음 이야기로 돌아가 봅시다. 우리가 일하는 이유는 행복하기 위해서라고들 이야기합니다. 돈을 많이 버는 직업을 선택한 사람, 원하는 일을 찾아서 하는 사람 모두 나름대로 행복감을 가질 수 있습니다. 그런데 앞으로는 평생 같은 직업을 유지하기가 힘들어질 것입니다. 미래에도 오랫동안 같은 일을 하는 사람은 자기가 원하는 일을 찾아간 사람일 것입니다. 4장 3절 '데이터 시대의 학습'에서 이야기했듯이, 앞으로는 '자기 주도 학습 능력'과 '혁신 능력'을 키우면서 자기가 하고 싶은 일을 찾아가는 사람이 성공할 확률이 높아질 것입니다.

희망적인 통계는 우리나라가 고령화사회로 진입하면서 일자리

고령화사회

총 인구에서 노령 인구의 비율이 증가하는 사회. 한국은 2000년 7월 1일을 기준으로 고령화사회에 접어들었다. 국제연합UN이 정한 바에 따르면, 65세 이상 노인 인구 비율이 전체 인구의 7% 이상을 차지하는 사회를 고령화사회라고 한다.

가 부족한 사회가 아니라 노동력이 부족한 사회가 되어 간다는 점입니다. 물론 청년들의 일자리가 늘어나는 것도 중요하지만 일자리의 질(임금, 대우 등)도 좋아야겠지요.

정리하면, 수학이 관련되거나 데이터를 다루는 일은 많아지고, 다양한 변화에 적응이 가능한 사람이 더 나은 미래를 꾸릴 수 있다는 말입니다.

★ **함께 읽어 보세요.**

알랭 드 보통·인생학교 지음, 《뭐가 되고 싶냐는 어른들의 질문에 대답하는 법》, 신인수 옮김, 미래엔아이세움, 2021.
테일러 피어슨 지음, 《직업의 종말》, 방영호 옮김, 부키, 2017.

05

포스트휴먼

"컴퓨터는 믿을 수 없이 빠르고, 정확하며, 멍청하다. 사람은 매우 느리고, 부정확하며, 뛰어나다. 둘이 힘을 합치면 상상할 수 없는 힘을 가질 수 있다."

아인슈타인이 한 이야기입니다. 오래전 이야기지만 지금도 고개를 끄덕이게 하는 표현입니다. 최근 인공지능이 발달하면서 인간과 컴퓨터, 인간과 기계에 관한 새로운 이야기들이 쏟아지고 있습니다. 신조어도 많이 만들어졌습니다. 지금까지 우리가 생각해온 인간(휴먼)을 넘어선 새로운 존재 이야기도 나오고 있습니다. 가장 대표적인 표현인 '포스트휴먼'은 인간(휴먼) 이후에 등장하는 어떤 존재를 가리킵니다. 트랜스휴먼, 사이보그, 안드로이드 등이 그 모습입니다.

트랜스휴먼, 사이보그, 안드로이드 등은 의미가 조금씩 다르지만, 이전과는 다른 인간의 모습이거나 인간과 유사한 기계 등을 부르는 명칭입니다. 인간의 수명을 연장하거나, 인간의 신체 기능을 높이거나, 인간의 뇌 활동을 통해 컴퓨터를 제어하거나, 인간보다 신체 능력이 뛰어난 로봇이거나, 인간의 두뇌를 전기 뇌로 바꾸어 기계 몸을 움직이는 등 SF 영화에서 보았던 수많은 사례가 곧 현실이 된다고 이야기하는 사람이 많습니다. 과거 SF 영화에 등장했던 휴대용 전화나 영상 통화가 당시에는 불가능한 미래로만 보였

트랜스휴먼(transhuman)

인간과 포스트휴먼 posthuman 사이의 존재로, 인간과 닮았지만 개조에 의해 보통의 인간보다 훨씬 뛰어난 능력을 획득한 인간.

사이보그(cyborg)

사이버네틱스 cybernetics 와 생물 organism 의 합성어. 기계와 인간의 결합체인 인조인간을 말한다.

안드로이드(android)

인간의 모습을 한 로봇 AI 을 의미한다. 생명체 기반에 기계적 요소가 합쳐진 사이보그와 달리 완전한 인공 생명체를 지칭한다.

던 것을 생각하면 그럴 수 있겠다 싶습니다.

기술이 급속하게 발전하고 있기에 분명 지금과는 다른 세상이 펼쳐지리라는 것에는 동의하지만, 인간을 넘어선 AI 로봇이 가능하다는 주장은 비판적으로 살펴보아야 합니다.

강한 AI의 가능성

인간을 넘어서는 AI는 알파고와 같은 AI 기술과는 다릅니다. 알파고와 같은 AI는 특정한 분야에서 인간보다 더 잘, 그리고 더 빠르게 계산할 수 있는 능력을 가졌습니다. 하지만 인간을 넘어서는 AI는 인간이 할 수 있는 다양한 활동과 능력을 '모두 넘어서는' 존재를 뜻합니다. 현재 볼 수 있는 AI를 '약한 AI', '인간을 넘어서는' AI를 '강한 AI'라고 구분하고 있습니다.

'강한 AI'를 갖춘 시스템은 말 그대로 포스트휴먼에서 최상위 수준입니다. 어떤 학자들은 그런 AI가 나타날 시기를 2050년이라고 구체적으로 예측하기도 합니다. 과연 그럴까요? 검증을 위한 가장 좋은 방법은 과학이냐 의견이냐를 판단하는 것입니다. 과학은 반증가능성falsifiability을 기준으로 판단합니다. 반증가능성은 검증하려는 가설이 실험이나 관찰에 의해 반증될 가능성이 있는지 여부를 가리킵니다. 예를 들어, 누가 '우주는 아주 큰 바퀴벌레가 만들었다'고 이야기하면, 우리는 반대 증거를 낼 수 없습니다. 그런 경우는 과학이라고 하지 않습니다.

'강한 AI'가 나타나는 시기를 주장하는 가설 역시 반대 증거를 내기 힘듭니다. 중요한 것은 그 시기가 아니라 인간을 넘어서는 기준일 것입니다. 이 주장에 담긴 시점은 '특이점'이 나타날 시점을 뜻합니다. 여기서 특이점이라는 말을 썼습니다. 조금 어려운 말이지만 과학을 포함해 많은 분야에서 사용되는 중요한 개념이니 함께 살펴봅시다.

특이점은 '특별한 변화가 일어나는 지점'을 뜻합니다. 예를 들어 물이 끓어오르는 온도인 100℃는 물의 상태 변화에서 특이점이 됩니다. 액체가 기체가 되는 온도이기 때문입니다. 물의 기준에서 보면 100℃에서 '특별한 변화'가 일어난 것입니다. 마찬가지로 2050년에 나타날 특이점은 AI 기술에서 큰 변화가 일어날 시점이라는 이야기입니다.

아직 오지 않은 미래인 데다가 근거가 불명확한 자료를 바탕으로 하고 있지만, AI 기술이 하루가 다르게 변하고 있어 나름대로 설득력이 있습니다. 그런데 우리가 중요한 지점을 놓치고 있는 듯 보입니다. 100℃가 되기 전에도 이미 물에서 기체가 되었다가 다시 액체가 되는 과정이 끊임없이 일어난다는 사실입니다. 다시 말해, 특이점 이전에도 비슷한 현상이 일어나고 있고, 그래서 작은 사례일지라도 변화의 모습이 미리 진행된다는 것입니다. 지금까지 AI가 인간을 넘어설 수 있다는 어떤 사례도 알려진 적은 없지요.

과학의 역사에는 분석하기 힘든 특이점들이 존재합니다. 하나는 빅뱅입니다. 빅뱅 이전을 우리는 알지 못합니다. 우리는 빅뱅이라는 특이점이 지난 후의 우주만 알고 있지만, 과학자들은 빅뱅 전에도 '어떤 우주'가 있지 않았을까 생각합니다. 만약 빅뱅 이전을 알게 된다면 우주의 많은 비밀을 한순간에 풀 수 있을 것입니다.

또 하나는 빛보다 빠른 물질이 없고, 진공에서 빛의 속도는 어떤 운동 상태에서도 일정하다는 발견입니다. 만약 빛보다 빠른 물질이 발견된다면 상대성이론은 수정되어야 합니다. 더군다나 시공간을 넘어 과거나 먼 미래로 갈 수 있게 되기 때문에 타임머신도 가능하게 될 것입니다. 하지만 아직까지 빛보다 빠른 물질은 발견되지 않았습니다.

또 하나는 불확정성 원리입니다. 소립자(물질의 기본이 되는 작은 입자)의 운동과 상태를 동시에 정확하게 측정할 수 없다는 이 원리를 넘어서는 발견이 나온다면, 관찰자는 관찰 대상에 영향을 주지 않으면서 관찰할 수 있는 '신과 같은 능력'을 지니게 되겠지요. 현재까지 불확정성 원리는 굳건합니다.

그렇다면 '강한 AI'가 나타나는 특이점이 이런 물리학의 특이점과 같은 위치에 있을까요? 그렇지는 않아 보입니다. 위의 특이

점들은 인간이 만든 결과물이 아니기 때문입니다. 현재의 AI 기술이 과연 인간의 지능을 넘어서게 발전할 수 있을지도 의문입니다. AI가 인간의 뇌를 제대로 모방하여 인간과 동일한 위치를 점하고, 마침내 넘어설 수 있을까요?

인간의 뇌와는 다른 AI 기술

《뇌과학이 인생에 필요한 순간》에서 저자 김대수 교수는 AI에서 신경망이라는 표현은 실제 학습을 수행하는 뇌의 신경망 구조와는 거리가 있다고 말합니다.

> 신경망 기술에서 학습을 위해 중요한 개념인 역전파[back propagation]는 신경망에서 정보 흐름이 거꾸로 가는 것을 표현한다. 그러나 실제로 신경회로에서는 거의 일어나지 않는 일이다. 기본적으로 신경은 시냅스를 거슬러 시냅스 후에서 전으로 정보가 이동할 수 없다. 오히려 신경은 신호의 역전파를 막기 위한 다양한 방법을 사용한다. 결국 인공지능[AI]에는 뇌와 같은 다차원 인식 기능이 없는 것으로 생각된다. (《뇌과학이 인생에 필요한 순간》, 234쪽)

AI는 인간의 뇌를 넘어설 수 있을까?

쉽게 말하면, 인간의 뇌는 직관적이지만 컴퓨터 AI는 계산을 위해 끊임없이 되돌아가 더 나은 결과를 위한 반복 과정을 거친다는 것입니다. 경험이나 감정 등을 통한 인간의 의사결정과 AI의 결정은 근본부터 다를 수 있다는 이야기입니다. 현재 등장한 신경망 기술들과 본질적으로 다른 기술이 나오지 않는 한, '강한 AI' 논의는 아직은 '공상과학'으로 남겨 두어야 할 것 같습니다.

만약 '강한 AI'가 구현된다면 어떻게 될까요? 의식과 욕망, 감정 등을 가진 로봇이 등장할 것입니다. 엄청난 변화가 일어나겠지요. 지금까지 철학은 의식을 인간의 고유한 특성으로 바라보았습니다. 의식은 물질에 영향을 받지만 독립하여 존재한다고 생각해 왔습니다. 그런데 AI 로봇이 물질과 전기회로, 에너지만으로 의식을 형성한다면 철학 또한 하늘과 땅이 바뀌는 큰 변화를 할 수밖에 없습니다. 나아가 인간도 '어떤 행동을 하도록 프로그램된 존재' 중 하나일 뿐이라는 주장도 가능할 것입니다. 결국 로봇에게도 권리가 주어져야겠지요. 그리고 로봇이 인간을 관리하는 상황도 나타날 수 있습니다. 생각하고 싶지 않은 '디스토피아'입니다. 그래서 어떤 학자는 '그런 AI가 나오지 않도록' 지금부터 방향을 잘 잡자고 합니다.

인간의 지식과 이해를 넘어서는

'강한 AI'가 아닌 지금 수준의 AI도 기존 인문학을 변화시키고 있습니다. AI 중 일부는 인간과 구분하기 힘들뿐더러 더 인간다운 모습을 보여 주기도 합니다. 국내에서 2014년에 개봉한 영화 〈그녀〉her에서 주인공은 AI 비서 사만다와 사랑에 빠집니다. 사만다도 주인공을 사랑한다고 표현합니다. 하지만 주인공에게는 안타깝게도 사만다가 사랑하는 '사람'은 수만 명에 이릅니다. AI는 수만 명과 동시에 사랑을 나누며 교감할 수 있습니다.

영화일 뿐이라고 하기에는 비슷한 사례들이 많이 보입니다. 아바타가 모델이 되어 상품 광고를 하고, 아이돌 스타가 되어 노래를 부릅니다. 많은 사람들이 그 아바타를 '사랑'합니다. 동물을 사랑하는 사람들에게 반려동물이 '동물'이 아닌 '가족'이듯이, AI의 존재를 '사랑'하는 사람에게는 AI가 '프로그램'이나 어떤 도구가 아닐 수 있습니다. 동물의 권리, AI의 '존재'는 '인간중심주의'를 다시 생각해 보게 합니다. 이와 관련된 논의는 이제 시작 단계입니다. 인문학의 많은 분야에서 변화는 이미 시작되었습니다.

한편 AI가 내놓는 결과가 예상을 벗어날 때의 문제도 있습니다. 알파고를 개발한 딥마인드의 최고경영자^{CEO} 데미스 하사비스^{Demis Hassabis}는 가끔 알파고가 둔 수를 이해할 수 없다고 이야기합니다. 알파고의 상위 버전으로 개발한 '알파고제로'는 프로 기사도 이해하기 힘든 기보를 보여 줍니다. 방대한 데이터를 바탕으로 설계되는 AI는 인간이 다룰 수 있는 데이터 양을 초과했을 뿐 아니라 점점 더 많은 양을 다룹니다. 바둑과 같은 게임은 그래도 큰 문제가 아닐 수 있지만, 의학이나 법률의 경우는 그 결과가 심각할 수 있습니다. 인간이 이해하지 못하는 데이터에 기반한 수술이나 판결은 누군가의 생명과 인생을 뒤바꾸어 놓을 수 있으니까요.

지금까지 지식은 인간이 이해할 수 있는 영역이었습니다. 그 지식을 형성하는 정보도 마찬가지로 인간이 만들었거나 혹은 이해할 수 있는 데이터에 바탕을 두었습니다. 그런데 AI가 사용하여 새롭게 만들어 낼 데이터와 그에 기반을 둔 AI의 판단은 그 영역을 넘어서고 있습니다. AI가 만드는 데이터 중에서 인간의 이해를 넘어서는 데이터를 어떻게 받아들여야 할지 이제부터 생각해 봐야 할 것 같습니다. 데이터가 만드는 세상은 인류에게 다양한 기회와 더불어 다양한 고민을 함께 안겨 주고 있습니다.

★ 함께 읽어 보세요.

김선희 지음, 《인공지능, 마음을 묻다》, 한겨레출판, 2021.
한상기 지음, 《신뢰할 수 있는 인공지능》, 클라우드나인, 2021.

5장

빛과 어둠이 공존하는 데이터 사회

데이터 경제학

'황금 보기를 돌같이 하라.'

가난하더라도 깨끗한 삶을 강조한 고려 시대 최영 장군의 말입니다. 그런데 금은 돌이 아닐까요? 땅속에 금이 덩어리로 있는 경우는 드뭅니다. 주로 광물이 섞인 광석 형태로 있습니다. 그런데 왜 금은 다른 광물보다 비쌀까요? 금은 고대의 왕들이 왕관으로 만들어 썼을 만큼 부유함의 상징이었습니다. 왕이 관으로 썼기 때문에 금을 귀하게 여겼을까요?

빛이 나고, 흔하지 않고, 따뜻한 느낌이 드는 등 금 자체가 가진 특징에 이유가 있을 것입니다. 어쨌든 귀중한 대접을 받은 금은 오랫동안 중요한 교환 수단, 즉 화폐의 역할을 했습니다. 금이 부족해지자 청나라나 조선에서는 은을 교환 수단으로 삼기도 했지만, 결국 가짜 금이 유통되는 등 부작용이 있어 종이 화폐나 동전 화폐를 만들어 사용하게 됩니다. 원래는 모든 나라에서 유통되는 화폐 가치만큼 금을 중앙은행에 보유해야 했었습니다. 1971년 미국 닉슨 대통령이 금과 화폐(달러)의 교환을 정지할 때까지는 그랬습니다. 지금은 금과 상관없이 화폐를 유통합니다. 물론 각국 중앙은행에서는 금을 어느 정도 보관하고 있습니다.

데이터의 물신성

데이터와 화폐는 어떤 관계가 있을까요? 최근에는 '데이터가 돈'이라는 이야기를 많이 합니다. 데이터를 사고팔기도 하고 가상화폐도 나올 정도니까요.

데이터는 국가안보에도 중요합니다. 만약 GPS 정보가 없다면 어떻게 될까요? 모든 휴대전화가 휴대용 음악 재생기나 메모장이 되겠지요. 미국처럼 GPS 정보를 제공하는 국가가 적대 국가에는 GPS 정보를 사용하지 못하게 할 수도 있겠죠. 우리나라도 2027년부터 2035년까지 GPS용 인공위성 8기를 발사한다고 합니다.

데이터가 돈과 안보에 영향을 미치는 것까지는 받아들일 수 있습니다. 그런데 데이터가 신의 위치에 올라설 수 있다는 주장도 있습니다. 유발 하라리는 《호모 데우스》에서 '데이터가 신'이 되었다고 말합니다. '데이터교'라는 종교가 탄생했다고까지 이야기합니다. 책 제목 '호모 데우스' Homo Deus 에서 '호모'는 사람 속을 뜻하는 학명이고, '데우스'는 라틴어에서 유래한 말로 '신'이라는 뜻입니다. 하라리는 데이터가 신과 같은 위치가 되었다는 근거로 불멸, 행복, 신성을 이야기합니다. 이 세 가지 가치가 데이터와 어떤 관계가 있을까요?

'불멸'은 생명공학의 발달과 관련이 있습니다. 하라리는 데이터와 AI를 이용하는 생명공학의 발달로 인해 죽음도 초월한 존재의 탄생, 사이보그 공학으로 인간의 능력을 뛰어넘는 초인간의 도래, 뇌와 컴퓨터의 연결로 인간이 비유기체와 합성되는 미래를 이야기합니다.

'행복'과 관련해서는 약물 치료 혹은 생화학적 구성의 변경으로 끝없는 쾌락이 가능한 미래를 이야기합니다. 이렇게 데이터의 활용으로 불멸과 행복이 가능해진다면 사람들이 데이터를 신처럼 믿지 않겠느냐고 이야기합니다. 인간이 만든 데이터에 신의 지위를 부여한다니 많이 당황스럽습니다. 그런데 과거에도 물질에 신의 영역을 부여한 경제학자가 있었습니다.

바로 카를 마르크스입니다. 그는 자본주의의 가장 큰 특징 가운데 하나로 물신숭배를 꼽았습니다. 인간 노동의 산물에 불과한 상품이나 화폐 자본이 마치 고유의 힘을 가진 것처럼 독자적으로 움직이며, 결국 인간을 지배하게 된다는 것입니다. 화폐는 상품과 상품, 상품과 인간을 연결하기 위해 만든 것이지만, 어느 순간 지배력을 가지게 됩니다. 화폐가 자신의 논리에 따라 움직이고, 돈이 돈을 벌고, 인간의 관계에 영향을 미치고, 사회적 신분을 규정하기까지 합니다. 인간과 사회 전체를 지배할 능력을 가지게 됩니다.

데이터도 그 자체로 상품이기도 하고 가상화폐처럼 화폐이기도 한 독특한 특징을 가졌습니다. 그러면 데이터 산업에 물신성(사람과 사람의 사회적 관계가 재화와 재화의 관계로 나타나는 것)이 있는지 살펴볼까요?

플랫폼의 데이터는 이용자들이 입력하고, 활동하고, 반응함에 따라 만들어집니다. 하지만 그 데이터의 소유자는 플랫폼 기업이지요. 플랫폼 기업은 그 데이터를 이용해 돈을 벌 뿐만 아니라 우리의 생활을 규정합니다. 먹고 싶은 음식을 골라 주고, 입고 싶은

 ········· **지속가능한 세상을 위한 데이터 이야기**

옷을 찾아 주고, 여행 갈 곳을 알려 주고, 사랑하는 사람과 해야 할 일을 알려 줍니다. 데이터를 잘 만드는 사람에게는 보상을 해 주고, 보상을 받은 사람들은 경제적 혜택뿐만 아니라 사회적 명망도 가지게 됩니다. 유튜브는 이런 과정을 가장 쉽게 알 수 있는 플랫폼입니다.

데이터의 소유권

데이터가 물신성을 가진다면, 데이터를 소유한 기업들은 어떨까요? 유발 하라리의 표현을 빌리자면, 구글 같은 플랫폼 기업이 '신'처럼 전지전능한 지위를 가질 수도 있겠지요.

그렇다면 어떻게 해야 할까요? 하라리는 특정 플랫폼 기업이 데이터를 소유하게 해서는 안 된다고 말합니다. 독점해서는 안 된다는 이야기입니다. 하지만 GAFA(구글-애플-페이스북-아마존의 약어)는 각 분야에서 시장을 거의 독점하고 있습니다.

정보 검색이나 인터넷 쇼핑, 소셜 미디어 등의 서비스를 누리려면 반드시 그들을 거쳐야 합니다. GAFA는 그냥 중개자가 아니라 '필수 중개자'가 되었습니다. 거래 참여자 모두에게 이익을 주는 것이 중개자의 존재 의의인데, 독점은 중개자를 부패하게 만들고 그로 인한 폐해는 고스란히 소비자 및 공급자가 떠안게 됩니다.

독점에 대해서는 경제적 해악이 많기에 자본주의 체제에서도 항상 규제를 해 왔습니다. 미국은 1970년대에 최대 통신사 AT&T를 강제로 여러 회사로 쪼개기도 했습니다. 우리나라에도 공정거래위원회가 있어 독점 기업을 관리하고 규제해 왔습니다.

문제는 플랫폼 기업은 이전에 없던 형태라 규제할 근거가 없다는 것입니다. '배달의민족' 같은 플랫폼은 소비자에게 상품 가격을 높게 받지는 않습니다. 그렇기 때문에 새로 법이 만들어지기까지는 소비자의 피해 구제를 목적으로 한 현재의 법으로는 규제하기 힘든 상황인 거죠. 법이 기술의 발전을 따라가지 못하는 일들이 벌어지고 있습니다. 데이터 플랫폼은 앞으로도 계속 발전할 것이므로 이런 일은 반복될 가능성이 높습니다.

결국 중요한 것은 데이터의 소유권입니다. 데이터의 대부분은 국민들 한 사람 한 사람에 의해 만들어진 것인데, 독점 기업들이 마음대로 사용한다는 것이 문제입니다. 사용자로부터 생성한 데이터의 공유, 데이터에서 발생한 이익의 나눔 등에 대해 다양한 논의

 ·········· 지속가능한 세상을 위한 데이터 이야기

가 이루어질 필요가 있습니다. 모든 데이터 이용자가 함께 고민해
볼 주제입니다.

★ 함께 읽어 보세요.

유발 하라리 지음, 《호모 데우스》, 김명주 옮김, 김영사, 2017.
나카자와 신이치 지음, 《사랑과 경제의 로고스》, 김옥희 옮김, 동아시아, 2004.

02
데이터 정의론

역사학자들은 '이것' 때문에 제2차 세계대전이 2년 앞당겨져 끝났고, 1400만 명의 목숨을 구할 수 있었다고 합니다. '이것'은 무엇일까요? 오늘날 컴퓨터라 불리는 기계 '튜링 머신'입니다. 앨런 튜링이라는 수학자가 만든 이 컴퓨터는 암호 해독기입니다.

독일이 만든 암호 기계 '에니그마'는 그날그날 새로운 암호 코드를 입력해야만 전쟁 지시 사항을 해독할 수 있었습니다. 영국은 '에니그마'를 가지고 있었지만 암호 코드를 해독하는 방법을 몰랐습니다. 독일은 매일 새벽 새로운 암호 코드를 발신했고, 매일 문장이 바뀌기 때문에 그 많은 문자에서 새로운 코드를 찾아내기는 쉽지 않았습니다. 앨런 튜링의 인생을 그린 영화 〈이미테이션 게임〉에는 이 과정이 잘 나와 있습니다. 처음 암호 해독팀이 모였을 때, 모두가 뛰어난 수학자들이었음에도 모든 변수를 고려해 계산하는 데 2천만 년 이상 걸린다는 계산이 나왔고, 또 매일 새로운 암호 코드가 나오기에 실제로 독일이 발신하는 암호를 해독하는 것은 불가능한 일이었습니다. 이때 튜링이 개발한 컴퓨터가 해결책이 됩니다. 지금 사용하는 PC보다 훨씬 성능이 뒤떨어지지만, 당시에는 크기도 엄청났고 만드는 데에도 많은 비용이 들어간 컴퓨터입니다. 튜링이 컴퓨터를 만들지 않았더라면 2차 세계대전의 승자가 바뀌었을까요?

컴퓨터를 이용한 사례는 아니지만, 태평양 전쟁에서도 암호 해독은 빛을 발합니다. 영화 〈미드웨이〉는 일본의 진주만 공격으로 태평양 함대가 거의 괴멸 수준이었던 미국이 결정적 전환점을 맞는 전투를 그리고 있습니다. 일본은 진주만 공습 후 열 시간 만에 필리핀을 공격합니다. 해군과 공군의 지원을 받지 못한 미군과 필리핀군 5만 명은 포로로 잡힙니다. 일본군은 파죽지세로 동남아시아를 점령해 갑니다. 그리고 승기를 잡은 일본군의 시선은 태평양 한가운데 있는 섬 미드웨이로 향합니다. 미드웨이섬은 작지만 태평양에서 공군기로 일본을 공습할 수 있는 요충지였습니다. 미군의 암호팀은 정찰기에서 반복되는 코드를 정찰기의 노선과 비교하여 공격 지점이 미드웨이인 것을 알아냅니다. 침공 당일 미드웨이섬 동쪽에서 기다리고 있던 미군 함대는 일본의 항공모함들을 파괴합니다. 군사 전략이 아닌 수학과 암호 코드가 전쟁에서 결정적 역할을 한 역사 기록입니다.

두 영화 모두 연합군이 승리했다는 점에서 짜릿한 쾌감을 줍니다. 좀 삐딱하게 볼 필요도 있습니다.《정의란 무엇인가》에서 마이클 센델 교수는 대大를 위한 소小의 희생은 정의로운가 묻습니다. 어떤 소의 희생이 있었냐고요? 영화 〈이미테이션 게임〉에서는 그런데 암호 해독 사실을 독일군이 알아채지 못하도록 숨겨야 했습니다. 수송함 등이 공격당하는 것은 모른 척 놔두고 중요 전투에서만 해독한 암호를 통해 승리를 이끌었습니다. 그런데 암호 해독팀에 있던 한 사람이 자기 형제가 탄 수송함이 공격받게 되었다는 사실을 알게 됩니다. 이번만은 예외로 해 달라고 간청했음에도 꿈쩍도 하지 않는 암호 해독팀과 군의 결정에 반발하며 이 사람은 울분을 토합니다. 전쟁의 승리라는 큰 목적을 위해 결국 그 수송함은 어떤 도움도 받지 못하고 희생됩니다. 영화 〈미드웨이〉에서도 나름 미드웨이섬을 지원하긴 하지만 일본 항공모함을 공격하는 데 집중하느라 섬은 일본군의 공격을 당하게 됩니다.

그 선택을 하는 사람들이 누군가를 죽이고 누군가를 살릴 정당성을 가지고 있었을까요? 암호 해독 사실을 들키면 그 이후 더 불리해질 것이라고 단정할 수 있었을까요?

지속가능한 세상을 위한 데이터 이야기

AI 정의론

사람이 아닌 AI가 결정하는 경우를 생각해 보면 문제의 심각성은 더욱 잘 드러납니다. 가장 전형적인 사례가 자율자동차입니다. 센델 교수의 책에 나오는 사고실험도 자율주행차를 위해 MIT(매사추세츠 공과대학교)에서 고안한 실험을 많이 활용합니다. 어떤 상황에서 정의가 무엇인지 아는 가장 좋은 방법은 누가 혹은 무엇이 책임이 있는가를 살펴보면 됩니다. 우리도 한 가지 사고실험을 해 보죠.

자율주행차가 운행 중 급정거한 차를 만나게 되면 방향을 틀도록 알고리즘이 구성되어 있다고 해 봅시다. 그런데 정말 급정거한 차를 만나 옆으로 방향을 틀었는데 오른쪽에서 달리던 차와 충돌해 그 차의 운전자가 목숨을 잃었다고 해 보죠.

이때 누가 책임을 져야 할까요? 알고리즘일까요? 아니면 그 프로그램을 짠 프로그래머일까요? 자율주행차 소유자일까요? 자율주행차를 만든 회사일까요? 매우 어려운 문제입니다.

사람이 운전한 차였다면 오랜 기간 사회적 합의에 의해 만들어진 기준을 적용하게 됩니다. 과실의 비율을 따져 보험 비용을 감당하고 형사 처분을 받습니다. 과실의 크고 작음, 혹은 고의성 여부를 판단할 때 법은 '평균적인 사람'을 기준으로 합니다. 표현이 모호하지만, 쉽게 표현하자면, 상식을 가진 사람이 판단하는 수준에서 결정된다고 보면 됩니다. 하지만 자율주행차에 프로그래밍 된 알고리즘이 과실의 비율을 알 수 있을까요? 알고리즘에 상식을 적용할 수 있을까요? 사람에게는 주로 예측 불가능성을 인정하며 과실을 판정합니다. 하지만 이미 예상 가능한 상황을 반영한 알고리즘이 실수를 했다고 할 수 있을까요?

물론 모든 경우의 데이터를 다 고려하도록 프로그램을 짜면 이를 해결할 수 있습니다. 그런데 현실적으로 모든 경우를 다 알 수는 없겠지요. 불가능한 도전입니다. 결국 생명을 해칠 경우들을 중심으로 최선의 방법을 찾아가겠지요. 자율주행차 전용도로를 자동차 전용도로처럼 만드는 것이 한 가지 방법일 것입니다. 전부 자율주행차만 다니기 때문에 똑같은 기준을 적용할 수 있으니까요. 그 외의 도로에서는 운전자가 운전과 사고의 책임을 어느 정도 지는 반자동 방식 자율주행이 함께 운영될 가능성이 높습니다. 하지만 어떤 경우에도 자율주행차와 관련한 책임 공방은 남을 것 같습니다. 자율주행차뿐만 아니라 AI에게 판단을 맡기는 모든 경우에 이런 문제가 발생할 것입니다. AI가 판단할 수 있는 능력이 있느냐도 중요하지만, AI에게 중요한 판단을 맡길 수 있느냐도 생각해 보아야 합니다. 특히 인간의 생명을 위협할 수 있는 경우엔 말이죠.

《대량 살상 수학 무기》에서 저자 캐시 오닐은 수학을 이용한 데이터 산업을 대량 살상 무기에 비유합니다. 오늘날의 대량 살상 무기는 소셜 미디어 등의 플랫폼이 될 수 있습니다. 사실 우리가 쓰는 인터넷 기술들은 대부분 군사적인 목적으로 시작되었습니다. 인터넷의 시작, GPS 등이 그렇습니다.

미국에서 컴퓨터 과학에 관한 대학 연구의 90%를 지원하는 NSF(미국국립과학재단)는 CIA(미국중앙정보국)와 NSA(미국국가안보국)가 이끄는 미국정보부프로그램^{MDDS}을 운영하고 있습니다. 그래서 정부와 플랫폼 기업은 긴밀한 협력 관계를 이루고 있다고 보는 것이 일반적 분석입니다. 이에 반해 중국 정부는 노골적으로 플랫폼 기업 등을 통제하고 있습니다. 수학자이자 데이터 과학자인 캐시 오닐은 한발 더 나아가 빅데이터에 대한 과도한 신뢰에 비해 허술한 시스템의 한계가 비극을 초래할 수 있다고 말합니다.

소셜 미디어의 문제

정부와 소셜 미디어의 결합이 초래한 비극이 현실화한 사례가 있습니다. 미얀마 사례입니다. 미얀마 국민들은 인터넷 세상 자체를 경험하지 못한 상태에서 바로 스마트폰을 접했습니다. 처음 스마트폰을 살 때 꼭 깔아 주는 앱이 페이스북이었고, 가맹점은 회원 가입까지 해 주었습니다. 미얀마의 5천만 국민 중 1800만 명이 정기적으로 페이스북을 사용했습니다. 대부분의 동남아시아 국가가 그렇듯이 미얀마에도 많은 소수민족이 살고 있었고, 민족 간 갈등이 있었습니다. 불교도이자 미얀마의 주류인 버마족은 무슬림인 로힝야족과는 오랫동안 갈등을 겪어 왔습니다. 이들 사이에 있던 오래된 증오는 페이스북을 통해 확장되고 극단화되었습니다.

로힝야족을 혐오하는 게시물은 악의를 품은 '좋아요'와 '공유'를 통해 경계와 규제 없이 급속하게 퍼졌습니다. 일부 버마족은 인종 청소를 직접 언급하거나 지지했습니다. 그런데도 페이스북은 방관할 뿐이었습니다. 1천 건이 넘는 로힝야족과 무슬림을 향한 인신공격과 부적절한 사진들이 페이스북에 등장했음에도요. 페이스북에는 버마어를 알고 유해 콘텐츠를 삭제하는 담당자가 한 명밖에 없었습니다. 2천만 명 가까운 미얀마 국민이 페이스북을 사용하고 있었는데도 말이죠. 결국 왜곡된 여론과 삐뚤어진 권력욕이 결합되어 미얀마 군대는 로힝야족을 살해하고, 성폭행하고, 국

미얀마의 로힝야족 박해

2016-2017년 미얀마군이 이슬람 계열의 소수민족인 로힝야족을 탄압한 사건. 미얀마군은 로힝야족을 상대로 살인과 성폭행 등을 자행했다. 6천여 명에 달하는 사람을 학살했고, 75만 명이 피난했다.

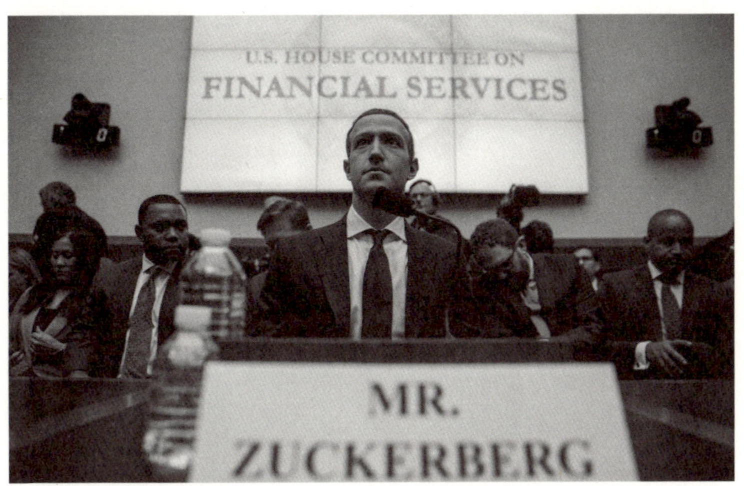

개인정보 무단 유출 파문으로 청문회에 출석한 페이스북(메타) CEO 마크 저커버그.

외로 밀어냈습니다.

그 후 미얀마에서는 군부 쿠데타가 일어났습니다. 노벨평화상을 받고 국가 고문으로 있으면서도 로힝야족 학살을 방관한 아웅산 수치는 가택연금을 당했고, 쿠데타군과 국민 사이에서 내전이 진행되고 있습니다. 고통은 미얀마에게 다시 돌아갔습니다. 그렇지만 지금까지도 페이스북은 아무런 책임도 지지 않았습니다. 인종 혐오 게시물을 방지하지 못했음에도 페이스북은 여전히 미얀마에서 돈을 벌고 있습니다.

페이스북이 없었어도 로힝야족 학살이 벌어졌을까요? 알 수 없는 일이죠. 하지만 로힝야족 학살에 페이스북이 일조했다는 사실은 변함이 없습니다.

★ 함께 읽어 보세요.

마이클 센델 지음, 《정의란 무엇인가》, 김명철 옮김, 와이즈베리, 2014.
캐시 오닐 지음, 《대량 살상 수학 무기》, 김정혜 옮김, 흐름출판, 2017.

03
데이터 민주주의

"바보야, 문제는 클릭이야!"

미국의 유명한 정치 구호를 패러디한 표현입니다. 보통은 '클릭'을 넣은 자리에 '경제'라는 말이 들어갑니다. 전 미국 대통령 빌 클린턴의 대표적인 정치 구호였죠. 그런데 문제가 클릭이라니, 무슨 말일까요?

소셜 미디어의 가짜 뉴스(게시물)가 진짜 뉴스(게시물)보다 여섯 배는 더 많이 전파된다고 합니다. 여기서 전파는 바로 '클릭'을 의미하죠. 해당 게시물을 클릭한 사람은 그 게시물을 보려고 했겠죠? 그러니 가짜 뉴스가 범람한다는 의미입니다. 가짜 뉴스를 읽은 사람들은 결국 바른 판단을 하기 어렵게 됩니다. 시민들이 가짜 뉴스에 의존해 투표를 한다면 민주주의는 어떻게 될까요?

이런 현상을 보고 많은 사람들이 '민주주의가 무너지고 있다' 고 말합니다. 주인이 주인답지 못할 때, 민주주의에 가장 큰 위기가 옵니다. 민주주의에서 말하는 주인의식은 큰소리로 자기 주장을 펼치거나 같은 생각을 가진 사람들과만 가깝게 지내려는 의지 또는 행동이 아닙니다. 민주주의의 주인의식은 국가나 사회 전체를 생각하는 마음가짐입니다. 하지만 현실은 정반대로 가고 있습니다. 심리학에서는 확증 편향이라는 말을 합니다. 사람은 자신의 생각이나 판단에 부합하는 정보에만 주목하는 경향이 있다는 말이지요. 하지만 디지털에서 왜곡된 뉴스들은 단순한 확증 편향을 넘어 정당한 정책까지 음모론으로 왜곡해 버립니다.

어떻게 이런 현상이 광범위하게 일어날까요? 우리는 자신이 믿고 싶은 것만 믿으려 하지 본질에 관해서는 충분히 생각하지 않는 경향이 있습니다. 그리고 정치인들은 이 점을 교묘하게 이용합

확증 편향(confirmation bias)

원래 가지고 있는 생각이나 신념을 확인하려는 경향성을 말한다. 확증 편향은 자신의 믿음에 대해 근거 없는 과신을 갖게 한다. 사람들은 자신의 정치적 지향과 다른 사실에 대해 불신하며, 과학적 사실에 반해 자신의 믿음을 고수하려 하기도 한다.

　　지속가능한 세상을 위한 데이터 이야기

니다. 한 달 평균 18억 6천만 명(2016년 하반기 기준)이 이용하는 페이스북 뉴스피드에는 쉴 새 없이 새로운 뉴스가 올라옵니다. 페이스북이 사용자의 성향을 알고리즘으로 분석해 '읽어 보라'고 권하는 뉴스들입니다. 주로 비슷한 정치적 성향의 사람들이 '좋아요'를 누르거나 공유한 글, 사용자의 입맛에 맞는 언론사의 뉴스 등입니다.

디지털 음모론

전문가들은 이처럼 특정 성향에 치우친 뉴스를 지속적으로 소비할 경우 '필터 버블'filter bubble 에 갇힐 수 있다고 경고합니다. 필터 버블은 소셜 미디어의 맞춤형 필터링 서비스가 사용자의 시각을 좁히는 거품으로 작용하는 현상을 가리킵니다. 페이스북이나 트위터 등 SNS를 통한 뉴스 소비가 늘면서 이런 필터 버블은 갈수록 심화되고 있습니다.

소셜 미디어의 어떤 특성이 이런 상황을 만들고 있을까요? '클릭'은 플랫폼 사업자에게는 '돈'입니다. 클릭 수가 많아지면 플랫폼에 있는 시간이 많아지고, 그 시간이 많아질수록 광고 매출이 늘어납니다. 다큐멘터리 영화 〈소셜 딜레마〉에 나오는 증언들을 보면, 클릭을 유도하기 위해 페이스북이나 유튜브의 알고리즘은 '더 강한' 자극을 주도록 설정되었다고 합니다.

알고리즘에 의해 퍼지는 '더 강한' 혹은 '더 깊은' 콘텐츠들은 어떤 것들일까요? 이용자가 보고 있는 수준보다 더 깊게 유혹하는 데 가장 좋은 재료가 '음모론'입니다. 음모론을 믿다니 한심하다고 생각하나요? 미국인의 약 2%(650만여 명)는 지구가 평평하다고 믿습니다. 다큐멘터리 〈그래도 지구는 평평하다〉에 나오는 지구평면론자는 지구가 북극을 중심으로 한 원반 모양이며, 그 끝은 약 60미터 높이의 남극 얼음벽으로 둘러싸여 있다고 말합니다. 달 착륙이 조작됐다고 믿는 미국인의 수는 인구의 약 5%로 변함없이 유지되고 있고요. 이런 사람들이 1500만 명이나 된다니 놀랍지요. 누가 봐도 명백한 과학 사실을 놓고도 이렇게 음모론을 믿는 사람들이 많은데 정치적 이슈에 음모론을 덧입히는 일은 얼마나 쉬울까요?

오늘날 가장 인기 있는 정치인은 막말로 대중의 관심을 집중시키고 교묘한 음모론을 전파하는 사람일 수 있습니다. 정치 음모론의 절정은 '러시아의 미국 대통령 선거 개입 사건'입니다. 러시아에서는 다양한 방법을 이용했습니다. 그중 하나는 미국 민주당 당직자 이메일 내용에 '피자' 관련 단어가 들어가면 이를 '아동 성매매'라는 식으로 음모론을 전파한 경우입니다. 미국에서는 '피자 주문'이 '인신매매'를 은밀하게 지칭하는 표현이라고 합니다. 아직도 재판이 진행 중이지만 미국 대선은 이제 매년 외국에 의한 선거 개입을 걱정해야 할 상황입니다.

해킹 등의 기술도 이용하지 않는 것은 아니지만, 주로 소셜 미디어를 통해 음모론을 뿌리면 자동으로 확산되고 중요한 판단의 근거로 작용합니다. 그래서 어떤 정치인이 죄를 저질러 처벌받을 위기에서 '음모론'을 내용으로 기자회견을 하면, 그의 무죄를 믿고 따르는 사람들이 생겨 여론 조작도 가능해집니다.

'더 깊은' 콘텐츠에 음모론만 있는 것은 아닙니다. 이용자의 정치 성향을 더 강화하는 콘텐츠들이 추천되고는 하는데, 그러다 보니 중도는 줄어들고 극좌와 극우가 많아집니다. 아래 도표를 보면 미국에서 민주당과 공화당 지지자들의 간격이 넓어진 것을 확인할 수 있습니다. 문제는 이런 상황이 어떤 이데올로기나 정치사상 때문이 아니라는 것입니다. 소셜 미디어를 많이 사용할수록 서로

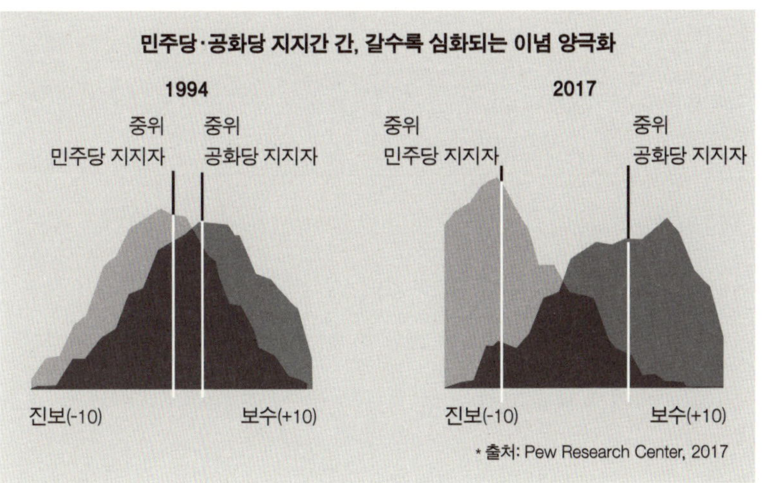

2021년 1월 6일, 미국 국회의사당으로 행진하는 트럼프 지지자들.

를 인정하지 못하는 상황으로 간 것입니다.

"만약 지구평면론이 사실이 아니라고 입증되더라도 저는 여기 (평면론 주장 커뮤니티)를 떠날 수 없습니다." 한 지구평면론자가 한 말입니다. 한번 생겨난 집단의 믿음을 누군가 무너뜨리려 할 때마다 그들은 그들만의 연대감으로 오히려 똘똘 뭉치는 성향을 보입니다. 도널드 트럼프가 대통령 선거에서 패배한 후 그의 지지자들은 국회의사당을 습격했습니다. 가장 선진적인 민주주의 체제를 가지고 있다는 미국에서 듣도 보도 못한 일이 일어난 것입니다.

 지속가능한 세상을 위한 데이터 이야기

디지털 공간과 극단의 정치화

왜 이런 일이 일어날까요? 소셜 미디어의 무엇이 이렇게 만들었을까요? 과거 전화선을 이용했던 PC통신으로 거슬러 올라가 봅시다. 처음 PC통신이 개설되자 새로운 토론의 광장이 열렸습니다. PC통신 회사 하이텔에는 그리스 아테네 광장의 이름을 빌린 '아고라'라는 게시판이 생겼습니다. 고대 그리스의 직접민주주의의 가능성을 작명에 담은 것입니다. 여기에는 기업의 광고를 받는 언론사들로부터 벗어난 자유로운 시민 민주주의의 희망이 있었습니다.

1990년대 들어 인터넷이 생기면서 그런 기대는 더욱 커졌습니다. 언론사 기사의 본질을 꿰뚫는 분석과 사실 확인이 진행되었습니다. 그런데 거기서부터 문제가 생겼습니다. 일명 '댓글 알바'라는 여론 왜곡이 진행되었습니다. 그리고 소셜 미디어 시대가 되면서는 '댓글 알바'조차도 필요가 없어졌습니다. 스스로 음모론을 만들어 인기를 끄는 '정치 인플루언서'가 많아졌기 때문입니다.

민주주의 자체가 사이버 공간에서 훼손되고 있습니다. 디지털이 일으킨 문제 중 가장 큰 문제는 공동체의 붕괴입니다. 흔히 대화에서 금기되는 주제로 '정치'와 '종교'를 꼽습니다만, 기성세대 사람들은 만나면 정치 이야기를 곧잘 합니다. 정치 이야기는 말하지 않으면 답답함을 느끼는 주제이기 때문이지요. 그래서 정치 이야기를 하다가 말싸움으로 연결되는 경우도 많습니다. 하지만 계속 만나야 할 사람들이기에 그 과정을 통해 조금씩이라도 서로의 정치 입장을 이해해 왔습니다.

지금은 그럴 필요가 없습니다. 소셜 미디어에서 자기와 같은 부류의 사람들을 만나 실컷 해소할 수 있으니까요. 그렇게 되면서 정치만 극단으로 가는 것이 아니라 사회 공동체도 점점 극단으로 가고 있습니다. 공동체가 무너지면 사회가 무너지고 국가가 무너질 수 있습니다. 현재 세계 각국에서 국가가 무너지지는 않았지만 포퓰리스트가 권력을 잡는 선거 결과가 나오고 있습니다. 일부 국가에서는 독재자가 집권하고 있습니다.

모든 발전에는 '빛'과 '어둠'이 있는 듯합니다. 인터넷의 발달로 시민이 정치에 직접 참여할 기회가 넓어진 것은 분명합니다. 하지

 지속가능한 세상을 위한 데이터 이야기

만 불평등과 정치 극단화 현상도 함께 나오고 있습니다. 새로운 기술이 주는 혜택만 보지 말고, 우리가 잃어 가는 소중한 가치는 없는지 살펴야 할 것입니다. 그런 관점에서 민주주의를 위해 소셜 미디어에 관한 법률에 대해 새롭게 논의하고, 독재의 수단이 되지 않도록 규제할 방법을 찾고, 공동체의 복원을 생각하는 연구가 필요해 보입니다. 구체적으로는 정치 주장이나 입장을 극단화하는 알고리즘을 통제할 법을 만들고, 디지털 문화를 위한 인문학 작업이 필요하지 않을까 싶습니다.

하지만 쉽지 않은 길입니다. 뉴스 편향을 강화하는 포털 사이트의 정보를 공개하라는 법률은 '언론 자유'를 이유로 통과되지 않았습니다. 지금 문제가 '언론 자유'일까요? '언론 왜곡'일까요? 단지 '클릭'이 문제일까요?

포털알고리즘공개법

2021년 5월 4일 포털 사이트의 뉴스 알고리즘을 공개하도록 발의된 신문법 개정안. 뉴스포털이용자위원회를 설치해 알고리즘 등 기사 배열 기본 방침, 구체적 기준, 책임자를 공개하도록 하는 것이 골자다.

★ **함께 읽어 보세요.**

크리스 샤퍼 지음, 《데이터, 민주주의를 조작하다》, 김선 옮김, 힐데와소피, 2020.

04
오래된 미래를 찾아서

　　나우루공화국이라는 작은 섬나라가 있습니다. 서울시 용산구 만 한 크기의 섬입니다. 이 섬 주민들은 한때 아무도 일하지 않고 종일 골프를 치며 빈둥거리며 살 수 있었습니다. 1960-1970년대 이 나라의 1인당 GDP는 세계 최고였습니다. 인광석이 가득 쌓인 섬이었기 때문이죠. 갈매기의 똥이 굳어서 된 인광석은 비료에 꼭 들어가야 할 재료인 인^P 성분을 함유하고 있어 그걸 팔기만 해도 엄청난 돈이 들어왔습니다. 그런데 1980년대 들어서 인광석 자원 이 고갈되기 시작하자 나우루에 큰 위기가 닥쳤습니다. 국영 항공 사도 폐업하기에 이르렀고, 돈을 벌기 위해 조세 피난처가 되거나 난민 수용소를 운영해야 했습니다.

자원 고갈 이전에는 나우루 국민들이 행복했을까요? 자원 고갈 이전에도 나우루 국민들은 많은 질병을 앓았습니다. 일을 거의 하지 않고 열량이 높은 패스트푸드 등을 주로 먹어 대부분 비만에 시달렸습니다. 놀기만 해도 먹고살 수 있는 '파라다이스'였음에도 사람들은 오래 살지도 못했지요. 나라 운영을 잘 못한 사례일 뿐이라고 할 수도 있지만, 지구 자원을 고갈시키기만 하고 물질문명을 추구하는 지구 전체의 삶과 다르지 않아 보입니다.

이와는 다른 사례도 있습니다. 아랍에미리트는 석유 고갈을 예상하며 석유에 의존하지 않고 다양한 경제 산업을 일으키고 있습니다. 당장 쓸 수 있다고 이용만 하지 않고 '잠깐' 멈춰 생각하고 그에 맞는 실천을 한 사례입니다.

무료 배달에 심취해 음식을 주문하다 보니, 특정 배달 플랫폼이 독점하고는 비싼 배달료를 내게 합니다. 홈쇼핑에서 싼 물건만 사다 보니, 어느새 그 쇼핑 플랫폼에서만 사게 되어 플랫폼이 정해주는 상품 광고를 주로 보게 됩니다. 소셜 미디어에서 열심히 활동해서 팔로워follower가 늘어났지만 정작 외로울 때 마음 터놓고 이야기할 사람이 없습니다. 매일 휴대전화로 열심히 글도 읽고 게임도 하고 새로운 기계가 나오면 사용하고도 있지만, 막상 미래는 불확실하고 마음은 불안합니다. 그 이유는 무엇일까요? '잠깐'이 없기 때문입니다.

‘잠깐’ 휴대전화를 내려놓고, ‘잠깐’ 인터넷을 쓰지 않고, ‘잠깐’ 남들보다 내가 좋아하는 것을 생각하고, ‘잠깐’ 나만의 시간을 갖고, ‘잠깐’ 조용한 자연을 걸어 보면 어떨까요? 그리고 바라보는 거죠. 데이터와 정보가 넘치는 디지털 공간과 스마트폰 앱들을. 그러고 나서 불필요한 것들을 과감하게 버리는 것입니다. 이를 ‘디지털 정리’라고 합니다. 그러면 나에게 꼭 맞는 맞춤형 ‘디지털 라이프’만 남을 수 있습니다. ‘주체적’으로 여러 앱과 플랫폼을 이용할 수 있게 됩니다. 물론 때때로 오프라인 활동을 병행하면서요. 어느 것에도 휘둘리지 않으며 자신의 미래를 한 계단 한 계단 오르면 좋을 것 같습니다.

아마 먼 옛날 인류의 조상들도 새로운 것을 만났을 때 받아들일 것은 받아들이고 아닌 것은 버리면서 살았을 것입니다. 고고학과 인류학을 담은 많은 책들이 그런 과정을 잘 보여 줍니다. 먼 훗날이 되면 지금 이 시간도 고고학과 인류학의 대상이 되겠지요. 인류의 긴 역사에서 우리는 극히 일부분을 살고 있는 것이니까요. 그래서 생각해 봅니다. ‘오래된 미래’를 따르는 것이 맞지 않느냐고. 현재를 살되 과거 인류가 살아온 방식과 잘 어울려 사는 게 맞지 않느냐고.

 .... 지속가능한 세상을 위한 데이터 이야기

★ **함께 읽어 보세요.**

헬레나 노르베리-호지, 《오래된 미래》, 양희승 옮김, 중앙books, 2015.

이미지 출처